高等院校产品设计专业系列教材

产品设计调研与规划（第二版）

杨旸 黄悦欣 白薇 编著

清华大学出版社
北京

内容简介

产品设计调研与规划，可以让企业管理者及时了解市场经济环境下的设计和生产情况，这对于生产企业来说是非常重要的工作。

本书从产品设计调研和产品设计规划的角度进行分析和讲解，帮助读者了解产品设计的内容、方法、工具，以及团队中的不同角色。全书共分 6 章，详细介绍产品设计调研与规划的概念、目的、意义等内容，涉及市场调研、顾客需求调研、产品设计调研方法、产品设计战略、产品生命周期、产品设计过程控制。在具体讲解过程中，通过一些产品的案例进行阐述。

本书可作为高等院校产品设计、工业设计等专业的教材，也可作为产品设计调研与规划人员的参考书。

本书封面贴有清华大学出版社防伪标签，无标签者不得销售。
版权所有，侵权必究。举报：010-62782989，beiqinquan@tup.tsinghua.edu.cn。

图书在版编目（CIP）数据

产品设计调研与规划 / 杨旸，黄悦欣，白薇编著.
2 版. -- 北京：清华大学出版社，2024.10.
（高等院校产品设计专业系列教材）. -- ISBN 978-7-302-67456-6

Ⅰ.TB472

中国国家版本馆 CIP 数据核字第 2024869RN8 号

责任编辑：李　磊
封面设计：陈　侃
版式设计：恒复文化
责任校对：马遥遥
责任印制：宋　林

出版发行：清华大学出版社
网　　址：https://www.tup.com.cn，https://www.wqxuetang.com
地　　址：北京清华大学学研大厦A座　　邮　编：100084
社　总　机：010-83470000　　邮　购：010-62786544
投稿与读者服务：010-62776969，c-service@tup.tsinghua.edu.cn
质　量　反　馈：010-62772015，zhiliang@tup.tsinghua.edu.cn

印 装 者：三河市君旺印务有限公司
经　　销：全国新华书店
开　　本：185mm×260mm　　印　张：10.5　　字　数：255千字
版　　次：2020年4月第1版　　2024年11月第2版　　印　次：2024年11月第1次印刷
定　　价：69.80元

产品编号：102033-01

编委会

主　编

兰玉琪

副主编

高雨辰
高　思

编　委

邓碧波	白　薇	张　莹	王逸钢	曹祥哲	黄悦欣
杨　旸	潘　弢	张　峰	张贺泉	王　样	陈　香
汪海溟	刘松洋	侯巍巍	王　婧	殷增豪	李鸿琳
丁　豪	霍　冉	连彦珠	李珂蕤	廖倩铭	周添翼
谌禹西					

专家委员

天津美术学院院长	贾广健	教授
清华大学美术学院副院长	赵　超	教授
南京艺术学院院长	张凌浩	教授
广州美术学院工业设计学院院长	陈　江	教授
鲁迅美术学院工业设计学院院长	薛文凯	教授
西安美术学院设计艺术学院院长	张　浩	教授
中国美术学院工业设计研究院院长	王　昀	教授
中央美术学院城市设计学院副院长	郝凝辉	教授
天津理工大学艺术学院院长	钟　蕾	教授
湖南大学设计艺术学院副院长	谭　浩	教授

序

设计，时时事事处处都伴随着我们。我们身边的每一件物品都被有意或无意地设计过或设计着，离开设计的生活是不可想象的。

2012年，中华人民共和国教育部修订的本科教学目录中新增了"艺术学—设计学类—产品设计"专业。该专业虽然设立时间较晚，但发展非常迅猛。

从2012年的"普通高等学校本科专业目录新旧专业对照表"中，我们不难发现产品设计专业与传统的工业设计专业有着非常密切的关系，例如新目录中的"产品设计"对应旧目录中的"艺术设计(部分)""工业设计(部分)"，从中也可以看出艺术学下开设的产品设计专业与工学下开设的工业设计专业之间的渊源。

因此，我们在学习产品设计前就不得不重点回溯工业设计。工业设计起源于欧洲，有超过百年的发展历史，随着人类社会的不断发展，工业设计也发生了翻天覆地的变化：设计对象从实体的物慢慢过渡到虚拟的物和事，设计方法越来越丰富，设计的边界越来越模糊和虚化。可见，从语源学的视角且在不同的语境下厘清设计、工业设计、产品设计等相关概念，并结合对围绕着我们的"被设计"的事、物和现象的观察，无疑可以帮助我们更深刻地理解工业设计的内涵。工业设计的综合性、交叉性和边缘性决定了其外延是广泛的，从艺术、文化、经济和技术等不同的视角对工业设计进行解读或许可以更全面地还原工业设计的本质，有利于人们进一步理解它。从时代性和地域性的视角对工业设计的历史进行解读并不仅仅是为了再现其发展的历程，更是为了探索工业设计发展的动力，并以此推动工业设计的发展。人类基于经济、文化、技术、社会等宏观环境的创新，对产品的物理环境与空间环境的探索，对功能、结构、材料、形态、色彩、材质等产品固有属性及产品物质属性的思考，以及对人类自身的关注，都是工业设计不断发展的重要基础与动力。

工业设计百年的发展历程为人类社会的进步做出了哪些贡献？工业发达国家的发展历程表明，工业设计带来的创新，不但为社会积累了极大的财富，也为人类创造了更加美好的生活，更为经济的可持续发展提供了源源不断的动力。在这一发展进程中，工业设计教育也发挥着至关重要的作用。

随着我国经济结构的调整与转型，从"中国制造"走向"中国智造"已是大势所趋，这种巨变将需要大量具有创新和实践应用能力的工业设计人才。党的二十大报告为我国坚定推进教育高质量发展指出了明确的方向。艺术设计专业的教育工作应该深入贯彻落实党的二十大精神，不断创新、开拓进取，积极探索新时代基于数字化环境的教学和实践模式，实现艺术设计的可持续发展，培养具备全球视野、能够独立思考和具有实践探索能力的高素质人才。

未来，工业设计及教育，以及产品设计及教育在我国的经济、文化建设中将发挥越来越重要的作用。因此，如何构建具有创新驱动能力的产品设计人才培养体系，成为我国高校产品设计教育相关专业面临的重大挑战。党的二十大精神及相关要求，对于本系列教材的编写工作有着重要的指导意义，也进一步激励我们为促进世界文化多样性的发展做出积极的贡献。

由于产品设计与工业设计之间存在渊源，且产品设计专业开设的时间相对较晚，因此针对产品设计专业编写的系列教材，在工业设计与艺术设计专业知识体系的基础上，应当展现产品设计的新理念、新潮流、新趋势。

我们从全新的视角诠释产品设计的本质与内涵，同时结合院校自身的资源优势，充分发挥院校专业人才培养的特色，并在此基础上建立符合时代发展要求的人才培养体系。我们也充分认识到，随着我国经济的转型及文化的发展，对产品设计人才的需求将不断增加，而产品设计人才的培养在服务国家经济、文化建设方面必将起到非常重要的作用。

本系列教材的出版适逢我院产品设计专业荣获"国家级一流专业建设单位"称号。结合国家级一流专业建设目标，通过教材建设促进学科、专业体系健全发展，是高等院校专业建设的重点工作内容之一，本系列教材的出版目的也在于此。本系列教材有两大特色：第一，强化人文、科学素养，注重中国传统文化的传承，吸收世界多元文化，注重启发学生的创意思维能力，以培养具有国际化视野的创新与应用型设计人才为目标；第二，坚持"科学与艺术相融合、创新与应用相结合"，以学、研、产、用一体化的教学改革为依托，积极探索国家级一流专业的教学体系、教学模式与教学方法。教材中的内容强调产品设计的创新性与应用性，增强学生的创新实践能力与服务社会能力，进一步凸显了艺术院校背景下的专业办学特色。

相信此系列教材对产品设计专业的在校学生、教师，以及产品设计工作者等均有学习与借鉴作用。

天津美术学院国家级一流专业(产品设计)建设单位负责人、教授

前言

自古以来，人类不断创新和探索，发明出一个又一个新的物品，使其适合人们不断发展的生活方式和行为需求，新的物品伴随人类文明发展而形成，伴随人们生活的理想而发展，并成为人类文化的物化形态，在整个社会结构和设计范畴内占有重要位置。尤其从近代史来看，工业革命带来了一系列社会巨变，人们在工业革命之前经历了漫长的无意识的设计过程，设计活动融合在生活的各项活动中，与手工艺、艺术和技术相结合，正是因为这一时期的积累，才有了设计学科的全面而迅速的发展，而"产品设计"的概念也随之被逐渐定义，成为现在人们所熟知的一类重要学科。

产品设计是一种有计划、有步骤、有目标、有方向的创造活动，其每个步骤都有相应的内容和目的，不断地推进设计的进程。产品设计不是绘画，也不是个人的情绪表达，而是为人服务的一种创造性行为，更是一门综合类学科。它的特性决定了它的科学性、系统性。由于设计的不断发展，它由倾向于艺术化的主观表现的造型外观设计，逐渐演变为兼顾工艺、市场需求、用户需求、节约成本、可持续发展等因素的学科。因此，需要对产品设计进行调研与规划。在产品设计过程中，我们应该以解决问题为目标，以人为本的设计理念，运用设计调研与规划的方法，探索与拓展设计实践，才能设计出用户满意的产品。产品设计调研与规划运用科学合理的方法，依据现有的条件与调研结果，整体制订产品开发计划、任务、目标，考虑到产品寿命周期和外在动态形势，制订出长远的产品设计规划。产品设计规划贯穿整个产品开发过程，各个方面的工作相互联系、相互影响，共同完成最终目标，是成功开发新品的关键。

随着我国工业的不断发展，我国的制造业正在进行转型升级，由低端生产制造模式逐渐转变为创新创造模式，向核心技术、自主品牌、新商业模式领域拓展，设计行业与文化产业也得到极大发展，工业产品设计在企业的新产品开发和品牌创建方面可以发挥强大的作用，文化创意和设计服务具有高知识性、高增值性、低消耗、低污染等特征。依靠创新，推进文化创意和设计服务等新型、高端服务业发展，促进与相关产业深度融合，是调整经济结构的重要内容，有利于改善产品和服务品质、满足群众多样化需求，也可以催生新业态、带动就业、推动我国生产企业的产业转型升级。

在科技迅速发展的今天，处于互联网时代的电子信息技术越来越发达，物联网、3D打印、大数据、云计算、数字化、智能化等一系列概念迅速发展。实时了解国内外的科技发展状况，拓宽产品设计专业学生的视野，掌握切实可行的设计调研方法，客观地分析、研究、归纳调研结果，做出科学的设计规划非常重要。

党的二十大报告为我国坚定推进教育高质量发展指出了明确的方向。在此背景下，本书的编写以"加快推进教育现代化，建设教育强国，办好人民满意的教育"为目标，以"强化现代化建设人才支撑"为动力，以"为实现中华民族伟大复兴贡献教育力量"为指引，进行了满足新时代新需求创新性教材的编写尝试。

《产品设计调研与规划》第一版于2020年出版，作为艺术院校专业课程教材，自出版以来得到了广大艺术院校师生的支持，他们对该教材给予了充分的肯定，同时也提出了一些宝贵建议。在第二版中，我们接受了这些建议。

首先，设计在发展，教材中所举案例逐渐跟不上时代发展的步伐，因此，非常有必要更新。其次，教材的作用在于指导学生更好地理解与实际操作。本次再版对产品设计调研与规划的理论进行更细致的梳理，对于学生的设计实践来说更有指导性作用。最后，新增一章案例分析内容，通过在案例中运用理论知识，有利于学生对知识内容的消化理解，对理论活学活用。

本书在这样的社会大背景下，结合院校的教学特点编写而成。全书共6章，第1章为产品设计调研与规划的概念；第2章阐述产品设计调研与规划的目的和意义；第3章和第4章主要介绍产品设计调研的主要内容和具体方法；第5章介绍产品设计规划的具体内容与调控手段。第6章为案例分析。本书从实际出发，根据专业特点，系统阐述了产品设计调研与规划的理论、方法等内容；以理论为前导，对产品设计调研进行具体的方法分类；介绍产品设计规划的具体方法，并结合实际案例进行分析与总结。全书力求既有理论指导性，又有实践性；既有微观性，又有宏观性；既有艺术创新性，又有逻辑规划。

本书从产品设计调研和产品设计规划的角度进行讲解，帮助读者了解产品设计的内容、方法、工具及团队中不同的角色，对一些产品案例进行方法阐述。本书既可以作为产品设计相关专业的教材，也适合作为产品设计调研与规划人员的参考书。

为便于学生学习和教师开展教学工作，本书提供立体化教学资源，包括PPT课件、教学大纲、教案等。读者可扫描右侧的二维码，将文件推送到自己的邮箱后下载获取。

教学资源

本书由杨旸、黄悦欣、白薇编著。由于编者水平所限，书中难免有疏漏和不足之处，恳请广大读者批评指正，提出宝贵的意见和建议。

编　者

目录

第1章　产品设计调研与规划的概念　1

1.1　产品设计　2
　　1.1.1　产品设计的历史概况　2
　　1.1.2　产品设计的一般过程　6
　　1.1.3　产品设计的地域性文化特征　7
1.2　产品设计调研的概念与原理　9
　　1.2.1　产品设计调研的概念　9
　　1.2.2　产品设计调研的原理　10
　　1.2.3　与产品设计调研相关的术语　11
1.3　产品设计规划　15
　　1.3.1　产品设计规划的概念　15
　　1.3.2　产品设计规划与设计管理　16
1.4　产品设计调研与规划的关系　17
　　1.4.1　产品设计调研与产品设计规划的相同点　17
　　1.4.2　产品设计调研与产品设计规划的不同点　18

第2章　产品设计调研与规划的目的和意义　21

2.1　产品设计调研的目的　22
　　2.1.1　找到问题和获得想法　22
　　2.1.2　设计推进　22
　　2.1.3　设计检验与评价　23
　　2.1.4　市场反馈　23
2.2　产品设计调研的实际意义　23
　　2.2.1　设计师与产品设计调研　24
　　2.2.2　企业与产品设计调研　24
　　2.2.3　社会与产品设计调研　25
2.3　产品设计规划的目的　26
2.4　产品设计规划的实际意义　27
　　2.4.1　设计师与产品设计规划　27
　　2.4.2　企业与产品设计规划　27
　　2.4.3　社会与产品设计规划　28

第3章　产品设计调研的内容　29

3.1　调研产品市场　30
　　3.1.1　产品设计定位　31
　　3.1.2　产品的功能性调查　33
　　3.1.3　产品的外观调查　35
　　3.1.4　产品的使用方式调查　36
　　3.1.5　产品的人机工程学尺度　36
　　3.1.6　产品的内部结构、材料及生产工艺　37
3.2　调研产品消费者　38
　　3.2.1　消费者的价值观调查　38
　　3.2.2　消费者的生活方式调查　41
　　3.2.3　消费者的实际消费心理调查　44
3.3　调研产品设计企业与生产企业　45
　　3.3.1　产品设计企业调研　45
　　3.3.2　产品生产企业调研　46

第4章　产品设计调研的方法　51

4.1　开始进行产品设计调研的方法　52
　　4.1.1　广泛铺垫式调研　52

4.1.2 深入拓展式调研	58	
4.1.3 广泛铺垫式调研与深入拓展式调研之间的转换	59	
4.2 产品设计调研的具体方法	62	
4.2.1 反思日志	62	
4.2.2 访谈	65	
4.2.3 问卷调查	69	
4.2.4 焦点小组	76	
4.2.5 观察法	77	
4.2.6 民族志	78	
4.2.7 角色模型	80	
4.2.8 品牌研究	86	
4.2.9 市场调查	87	
4.2.10 零售研究	106	
4.2.11 大数据应用法	107	
4.3 撰写调研报告	111	
4.3.1 调研报告的写法	111	
4.3.2 注释和引用	113	

第5章 产品设计规划的具体内容与调控手段 117

- 5.1 制订产品设计战略 118
  - 5.1.1 什么是产品设计战略 118
  - 5.1.2 产品设计战略的目的 119
  - 5.1.3 产品设计战略的主要作用 120
  - 5.1.4 产品设计战略的分类 120
- 5.2 产品设计规划的系统性 125
  - 5.2.1 系统的思想 125
  - 5.2.2 产品设计规划系统性的具体表现 126
- 5.3 产品的生命周期 127
  - 5.3.1 了解产品的生命周期 127
  - 5.3.2 产品的生命周期与产品设计战略 129
- 5.4 产品设计过程控制 129
  - 5.4.1 什么是产品设计过程控制 129
  - 5.4.2 产品设计过程控制的程序 130
- 5.5 产品设计、生产、销售成本核算 137
  - 5.5.1 产品设计成本 137
  - 5.5.2 生产成本 139
  - 5.5.3 销售成本 141
- 5.6 撰写产品设计规格书 145

第6章 案例分析——海洋休闲产品设计 147

- 6.1 案例概要 148
- 6.2 设计程序 148
- 6.3 产品设计调研 149
  - 6.3.1 考察海洋休闲产业 149
  - 6.3.2 考察海洋戏水用品 149
  - 6.3.3 消费者调查 151
- 6.4 设计方案 151
  - 6.4.1 制订CMF设计战略 151
  - 6.4.2 草图绘制 154
  - 6.4.3 产品建模及效果图 157
- 6.5 消费者观察及评价 157

第1章

产品设计调研与规划的概念

主要内容： 从产品设计的历史概况、产品设计的一般过程、产品设计的地域性文化特征这些基础知识入手，循序渐进地说明产品设计调研与产品设计规划的重要性及必要性，解读其概念，分析其关系。

教学目标： 通过本章的学习，使读者掌握产品设计调研与规划的概念、相互之间的关系等基础知识。

学习要点： 对产品设计调研与规划的概念、相互之间的关系等基础知识的深入理解。

随着时代的发展，人们对产品设计的认识不断深入，也不断细化。围绕产品设计这一学科，相关的概念众多，如工业设计、产品规划、设计管理、产品设计程序、产品开发、产品品牌规划等，诸多概念包含的内容有叠加、有重复，也有区别。在我国高等院校中，以上这些概念多数已形成了各门课程，其讲授内容各有特色，但每门课程都包含产品设计调研与规划的相关内容。毕竟，设计是为了满足人们的需求。只有当人们有需求时，设计才有意义，产品才能进入市场，企业才能盈利。因此，产品设计调研与规划可以说是产品设计过程中非常关键的环节。

"规划"一词在《现代汉语词典》中有两种解释：一是作为名词，指比较全面的、长远的发展计划；二是作为动词，指做规划、计划安排。第二点比较容易理解，第一点的"长远"概念较模糊，多长算长呢？

自1953年起，我国每五年制定一次中短期发展规划。2021年，进入第十四个五年规划，这是从国家战略高度对经济、科技、文化发展及人才利用等方面进行全面规划。

对于企业来说，发展规划的阶段长短应根据企业的性质、产品类型、目标用户群体的不同而有所调整，以符合企业自身的发展目标。

由于任何企业的产品在市场上都有其生命周期，产品设计需要进行有针对性的规划。可见，从产品设计调研与规划的概念入手，深入研究并明确这些概念之间的关系，对设计师和公司企业都具有重要的现实意义，有助于使产品设计与开发过程更加顺畅有效。同时，根据需要分析不同地域的经济、文化、美学、技术、历史、自然环境等因素，结合实际情况，在特定区域制订相应的产品设计调研与规划的内容，灵活运用理论概念，调研与规划相互结合，可以更有效地进行产品的设计和开发。这样，产品设计学科才能更好地服务于社会。

1.1 产品设计

任何事物都不是独立存在的，它们的产生和发展都与所处的背景与语境紧密相关。因此，在进行产品设计调研与规划时，首先要了解产品设计发生、发展、变化的背景，在这个背景下追溯过往，定位现在，展望未来。在宏观的社会、经济和技术背景下，我们进行产品设计调研与规划更具有意义。

1.1.1 产品设计的历史概况

关于设计的起源，众说纷纭，一般分为广义与狭义两种。从广义上讲，从人类文明开始，当人类为了生存有目地从事创造与制造活动的时候，设计已经出现了；从狭义上讲，普遍认为设计是从工业革命开始的。这一深刻的变革使设计从手工艺和艺术中分离出来，成为一种独立的职业和学科，并开始建立自己的系统和理论。工业革命促使社会分工的细化，从而催生了职业设计师。随着工业革命和社会变革的深入，新型学科与职业不断地产生，设计也是如此，设计大类逐渐细分，衍生出工业设计、建筑设计、服装设计、平面设计等专业。

纵观历史，人们在工业革命之前经历了漫长的无意识的设计过程，设计活动与手工艺、艺术和技术相结合,融入日常生活的各个方面。正是这一时期技术、艺术和工艺的积累,为设计学科的全面和迅速发展奠定基础。从18世纪中期开始,生产领域先后经历了三次工业革命。工业革命的发生不仅改变了生产力和生产关系,还使社会分工更加细致。工业革命后,大机器生产广泛应用于生产领域,它区别于传统的工艺与艺术,使现代技术与艺术相结合,实现大批量生产。图1-1至图1-3展示了三次工业革命中人们的工作场景。

图1-1 第一次工业革命

图1-2 第二次工业革命

图1-3 第三次工业革命

"工业设计"的概念是马特·斯坦于1948年首次提出的，之后随着人们认识的逐渐深入，经历了多次修改和完善。1980年，在法国巴黎举行的国际工业设计协会第11次年会上，将工业设计修订为"就批量生产的工业产品而言，凭借训练、技术知识、经验及视觉感受，赋予产品的材料、结构、形态、色彩、表面加工及装饰以新的品质和规格，并解决宣传展示、市场开发等方面的问题"。2015年，国际工业设计协会在韩国召开第29届年度代表大会，将沿用近60年的"国际工业设计协会"正式改名为"国际设计组织"(World Design Organization, WDO)，并在会上发布了工业设计的最新定义：(工业)设计旨在引导创新、促进商业成功及提供更高质量的生活，是一种将策略性解决问题的过程应用于产品、系统、服务及体验的设计活动。它是一种跨学科的专业，将创新、技术、商业、研究及消费者紧密联系在一起，共同进行创造性活动，将需要解决的问题、提出的解决方案进行可视化，重新解构问题，并将其作为建立更好的产品、系统、服务、体验或商业网络的机会，提供新的价值及竞争优势。(工业)设计通过其输出物对社会、经济、环境和伦理问题的积极回应，旨在创造一个更好的世界。

"产品设计"的概念是后面提出的，许多院校将工业设计专业的名称更改为产品设计，一般认为产品设计是工业设计领域内的一个学科。从广义上讲，工业设计涵盖了产品设计、视觉设计和环境设计三大领域。产品设计涉及的内容广泛，复杂程度各不相同，与产品设计相关的学科和领域也相当广泛。

产品设计是一项有计划、有步骤、有目标、有方向的创造性活动，每个步骤都有相应的内容和目的，不断地推进设计的进程。进行产品设计调研和规划时，了解和掌握产品设计的流程是必要的。新西兰工业设计协会原主席道格拉斯·希思将一般设计程序分为六大步：①确定问题；②收集资料和信息；③列出可能的方案；④检验可能的方案；⑤选择最优秀方案；⑥施行方案。道格拉斯·希思对设计程序的概括精练而准确，适用于各种设计发展的过程，而对于公司企业的新产品开发，设计流程更加细致，每个环节之间要求联系紧密，执行性较强。一般认为，产品设计流程大体分为6个部分：提出概念、背景调研、制订产品纲要、概念设计、设计开发和市场推广。例如，某公司制订的产品设计方案时间计划表，如表1-1所示。

表1-1 产品设计方案时间计划表

内容	时间 1	2	3	4	5	6	7	8	9	10	11	12	13	14	15	16	17	18	19	20	21	22	23	24	25	26	27	28	29	30	31
市场调研					↑																										
调研报告							↑																								
设计讨论								↑																							
设计构思											↑																				
构思分析												↑																			
设计展开														↑																	
方案效果绘制																↑															
方案讨论																		↑													
设计深入																				↑											
设计模型图纸																									↑						
设计模型制作																											↑				
设计方案预审																												↑			
设计制图																													↑		
设计综合报告																														↑	
设计方案送审																															↑

1.1.2 产品设计的一般过程

1. 提出概念

设计概念的提出一般分为两种情况：一种是企业根据对市场和社会的调研，寻求未来的设计方向和发展方向，为企业占领未来商机，以保证企业的长期发展；另一种是针对客户指定的产品类别进行设计开发，企业提出具体设计要求，设计师接受任务并制订设计计划。

2. 背景调研

背景调研是进行产品设计的基础。首先，是对一个产品存在背景的研究，包括文化因素、经济因素、社会因素等，这些因素会影响不同环境下的产品需求。其次，是对用户和客户的搜索与研究，了解他们的愿望、需求和潜在需求。最后，是对产品进行市场调研，了解竞争对手的产品，对此进行分析与评估。

设计是一个动态过程，其中设计实践与设计调研是相互交叉同时进行的，二者缺一不可。产品设计是一个不断探索与分析的过程，设计过程中的调研活动能引导设计师精确把握设计方向并深化设计思考。探索阶段的调研方法包括反思日志、访谈、问卷调查、焦点小组、观察法、民族志、角色模型、品牌研究、市场调查、零售研究等。

3. 制订产品纲要

成功的产品设计开发不仅需要创新的想法，更需要把想法转化为准确清晰的产品纲要，它表现了产品设计发展的具体方式。产品纲要是整个产品设计的基础，包括设计师所要了解的内容、多样的需求、抽象的概念、初期的范围和限制。在项目初期，产品纲要有些细节内容比较模糊，需要在项目进程中不断细化和完善。

在产品纲要内容中要确定用户需求，这就需要企业对产品进行准确定位。所谓产品定位，是指公司为创造一种适合消费者心目中特定地位的产品，所进行的产品策略企划及营销组合的活动。各企业和公司为了创立品牌特色，树立特定的市场形象，以满足消费者的心理需求和价值取向。产品定位策略要体现在产品构造、形状、成分、性能、命名、商标、包装、价格等方面。

4. 概念设计

概念设计阶段是将前面调研和分析获得的信息资料进行总结，将文字概念化的想法用视觉化的语言表现出来。此阶段是一个由粗略到精细、由模糊到清晰、由抽象到具体不断进化的过程。

在概念构思阶段，创意想法是最关键的，因此不要考虑过多的限制因素，这会限制想象的空间。随着想法的展开和深入，对概念想法的积累和筛选，更加深入地考虑功能、形态、色彩、质地、材料、加工、结构等方面的综合因素，以确定此设计主要解决的问题。概念设计的发展需要通过设计表现图和模型来表达，用图示代替文字，使设计图和模型具体形象地表达出设计所要传达的含义。经过大量积累和实验后，设计师对多个方案进行分析、比较和评估，从而筛选出最终的设计方案，如图1-4和图1-5所示。

图1-4　概念设计1　　　　　　　　　图1-5　概念设计2

5. 设计开发

在确定产品的基本样式后，要对产品的细节进行推敲，对产品的结构进一步确认，这需要进行细致的工程制图工作。工程制图通常具有清晰的产品构造，包含更多的技术可行性的探索，以帮助设计师讨论和深化设计。产品模型依据初步确定的设计方案，按照一定的尺寸比例，运用适合的材料制作成接近真实的产品立体模型，以更加准确、直观地反映设计创意，进一步检验产品设计中可能出现的问题，为进一步完善设计方案提供可靠的依据。经过反复调研、讨论、分析、修改，确定最终的产品设计方案后，通过对样机进行一系列的测评和验证，即可制作模具，投入生产。

6. 市场推广

产品的市场推广是产品设计中需要考虑的重要因素，产品的品牌、标识、口号、广告、营销策略、包装设计等都能加强人们对产品的认识，产生身份认同感，进而刺激购买欲望。当产品投入市场后，要迅速展开调研，得到消费者对产品的意见和感受，以及市场反应。通过对这些意见和反馈的整理及分析，吸取经验并进一步调整产品方案，为以后的产品开发做好准备。

作为设计人员，需要理解市场并识别目标市场的需求，深入了解目标市场中人们的生活和工作环境，进而确定设计的目标和内容。作为企业管理人员，同样需要理解市场，需要运用市场营销的方法了解市场，以分辨和确定市场上是否真的有机会。

1.1.3　产品设计的地域性文化特征

在《现代汉语词典》中"地域"一词解释为：①面积相当大的一块地方，如地域辽阔；②地方(指本乡本土)。这样看来，放眼全球的话，人类聚集的区域随着历史长河的积淀，会形成各自的文化特征，也可以理解为：地域文化是在一定的地域范围内长期形成的历史遗存、文化形态、社会习俗、生产生活方式等。设计从业者在为不同地域的人们设计产品时，应详细调研该地域的历史、文化、习俗、生活方式等诸多内容。

历史发展是人们自身活动的过程，也是一个地域范围内人们思想活动的过程。当人们跨入一个新时代后，常常回顾历史，其目的是总结经验教训，明确下一个历史阶段的发展方向及人们的行为思想，新时代的新事物层出不穷，演变至今，各地域的文化随之蓬勃发展，社会习俗及生活方式会有部分保留。图1-6为保留的传统建筑。

人们的居住环境也会发生新的变化，但仍会保留其传统，这对于产品设计来说，充满了挑战。尊重各地域的文化特征是设计出

图1-6　中国传统建筑(天津蓟县独乐寺)

适合该地域产品的关键，而充分了解市场则是必不可少的环节。例如，对于色彩的运用，各个国家或各个地域对色彩有不同的认识或社会习俗，白色在欧美一些地区是纯洁的象征，结婚时女性的礼服多为白色，而在亚洲一些国家，则认为白色与死亡有关，丧服多为白色，可见，这是截然相反的认识或偏好。这样的例子有很多，尽管随着时代的发展，有些方面会逐渐淡化甚至消失，但这充分说明产品设计必须时刻关注各地域的文化发展状况，产品设计调研要做到精、细、准，产品设计规划应在调研的基础上增加一定的灵活度，把握市场的发展状况，在每个阶段适时进行科学调整，才能使产品设计最大化地为企业赢得市场。

20世纪50年代中期，美国学者温德尔·史密斯提出一个"市场细分"的概念，如图1-7所示。

企业在市场经营活动中，为了更好地满足消费者日益增长的物质和精神需求，需要根据一定的标准，把市场划分为具有特定消费者群及更细分的市场。市场细分是企业制订市场营销策略和选择目标市场的前提，通常把经济形态、地理环境、消费者性格和购买行动等因素作为划分的标准，从而对成千上万消费者构成的市场进行细分。这个概念同时影响产品设计领域，在理论上同样关乎有形产品企业设计的经营策略，在这类企业中，规划其发展方向时，将"市场细分"的

图1-7　温德尔·史密斯的"市场细分"概念

概念延伸、转化为对于各地域文化特征的关注及市场划分，通过翔实的实地调查研究，了解市场需求，从而将产品设计做到更加贴合该地域人们的文化形态、社会习俗及生产生活方式，进而占领市场，使企业得到长久的发展。

1.2 产品设计调研的概念与原理

1.2.1 产品设计调研的概念

产品设计调研的概念是从西方引入中国的。由于文化和语言的差异及翻译的灵活性，"设计调研""设计研究"和"设计调查"这三个词在中文中虽然有所不同，但都可以视为对产品设计进行研究与实践的方式。那么，产品设计调研的概念到底是什么呢？

相比其他自然科学和人文科学等领域的学术理论，产品设计调研出现的时间较晚。产品设计调研概念的形成与运用，实际上是在其他相关学科的基础上发展而来的。随着这门学科的不断充实和完善，它由倾向于艺术化的主观表现的造型外观设计，逐渐演变为兼顾工艺、市场需求、用户需求、节约成本、可持续发展等因素的学科，因此产品设计调查和研究的发展更趋向于系统化、结构化，并被更多的各种复合跨界因素影响，包括语言、社会、文化、物质、感官、情绪等。因此，产品设计调研还没有一套独特的方法，只有一些实际操作的调研方式，其系统是建立在科学、人类学、文学、艺术史、社会学和语言学上的，要清楚产品设计调研的概念，就要首先清楚设计的概念。

对于"设计"这个词，不同的人有着不同的理解，它并不像其他职业化的词语一样有明确的定义。从广义上来说，设计研究或调研是学习并运用先进的现代化知识，来创造出一些新的理论。例如，学者在撰写论著时，首先要通读这个领域内的最新知识，然后基于这些已经存在的事实，创造性地得出自己的解释。设计再进行细分，可以分为两大类：一是"应用研究"；二是"学术研究"。"应用研究"是基于可预见性的、可实现的未来和目标，旨在创建一个崭新的产品。例如，企业通过调查、研究，找到问题和创新点，达到利益的最大化。"学术研究"也被称为基础研究，通常没有明确的目标，主要目的是在一个特定的学术领域内进行深入研究，然后发表论文，研究结果可以被其他研究者参考。

那么，产品设计学科的调查与研究属于哪一类呢？国际工业设计协会原主席亚瑟·普洛斯表示："工业设计是满足人类物质需求和心理欲望的富于想象力的开发活动。设计不是个人的表现，设计师的任务不是保持现状，而是设法改变它。"由此可见，设计是将计划、规划、设想和解决问题的方法，通过视觉语言传达的过程。因此，产品设计作为设计体系中的重要组成部分，是工业设计的核心，其调研既有学术价值，又有现实意义，理论与实践相结合是这个学科的特点。

清华大学美术学院柳冠中教授认为："设计研究不仅提供知识，研究本身也是一种设计，二者是不可分割的部分，之间并无明显界限。"全国工业设计协会常务理事李乐山教授在解决问题的角度上表述设计调研的概念为："它能使人们跳出自我中心的观念，换位思考来理解用户的需求。"

根据国内外知名专家、学者的观点，认为产品设计调研是一个不断进行的过程，其始于研究领域内的初步发现，并伴随着用户研究、企业研究、市场研究等一系列过程，发展并综合设计构思，最后进行材料、加工工艺和设计方案的测试和评价。产品设计调研从初期到深入再到得出调研的结果，是一条充满挑战的道路，但也富有迷人的魅力和给人意想不到的启示。

1.2.2 产品设计调研的原理

从20世纪50年代末到70年代初，美国学者尝试对人类学习中的多个领域进行分类：认知的、情感的和心理的，由此在各个领域中产生了一系列分类法。在认知领域，主要有两种分类：一是布鲁姆分类学，它是美国教育家、心理学家本杰明·布鲁姆于1956年在芝加哥大学提出的分类法；二是劳瑞·安德森与大卫·克拉斯沃尔等人对布鲁姆分类法的重新定义，被称为安德森和克拉斯沃尔分类法。

布鲁姆分类法试图定义思考、理解、认知的功能，具体分为六个阶段，如图1-8所示。

第一阶段：知识阶段，是指积累资料和知识记忆，包括对知识的了解、识别、联系、定义、回忆、重复、记录等。

第二阶段：理解阶段，能够掌握和构建知识及材料的意义，能够对知识进行解释、描述、讨论、推断、审查、区分等。

第三阶段：应用阶段，将所学的知识变成一种能力，应用到学习和工作中，如对知识的应用、开发、组织等。

图1-8 布鲁姆分类法

第四阶段：分析阶段，能够就某一部分问题，分析各个部分之间的关系，能够更好地理解这部分问题，如对某一材料的分析、比较、调查、区分等。

第五阶段：综合阶段，是以分析为基础，全面加工已分解的各要素，并有能力将它们按要求重新组合成整体，表现为对材料的归总、设计、创新、概括、开发等。

第六阶段：评价阶段，有能力对材料的价值进行评价、检查，甚至批判，表现为对材料的评估、比较、批评、结论、推断、选择等。

安德森和克拉斯沃尔分类法也分为六个阶段，如图1-9所示。

第一阶段：记住阶段，是对知识的回忆和检索。

第二阶段：理解阶段，能够掌握和构建知识及材料的意义，如对材料的解释、举例和分类。

第三阶段：应用阶段，通过实践对知识材料进行应用，实现知识的作用，如通过制作模型、演讲、采访和模拟等方式。

图1-9 安德森和克拉斯沃尔分类法

第四阶段：分析阶段，将材料或概念分解成部分，确定各个部分相互的关系或部分与整体的关系，以更好地理解材料。

第五阶段：评估阶段，通过审查资料，在标准和规范的基础上做出判断，对材料的批评和建议正是评估的过程。此阶段通常是"创造"之前不可缺少的部分，它从布鲁姆的第六阶段移到了第五阶段。

第六阶段：创造阶段，创造阶段要求有能力把各种元素组合起来形成一个连贯、统一的整体，重组各个部分形成新的模式或结构。"创造"需要调研者用新的方式去组合材料或者通过组合材料而形成新的、独特的形式和产品。此阶段是分类中最困难的，在布鲁姆分类中，它是放在第五阶段综合阶段中的。

由布鲁姆分类与安德森和克拉斯沃尔分类的对比中发现，安德森和克拉斯沃尔分类将原来的第五阶段和第六阶段调换了位置，并为"创造"赋予新的定义，将教育和学习的最终目标定位于创造。"创造"正是产品设计最为重视的。产品设计调研是一个有机的过程，其作为一种设计方法和手段，本质上是学习、思考和创造，目的是通过调查研究，对资料进行分析、理解和应用，最终得到新的研究成果。这个过程是循序渐进且不断升华的，这表明调研就是一个从获取知识到熟练运用，再到创新的过程。

1.2.3 与产品设计调研相关的术语

产品设计调研是一个不断提出疑问、不断试验的过程，在这个过程中会用到一些调研方法，这些方法已经被定义为专业术语，并普遍用于调研之中。调研者需要了解和熟悉这些专业术语，并且在调研过程中熟练地运用，从而指导产品设计调研和实践。

1. 实践指导的研究

前面已经对设计调研进行了详细讨论，设计调研可概述为收集数据、信息和事实，系统地调查和研究收集的内容，形成详细、准确、全面的学术研究报告，旨在发现、解释或者挑战某些事实或想法。调研与实践是相互联系、相互影响并同时进行的，因此有实践指导的研究与研究指导的实践。英国艺术与人文研究理事会(Arts and Humanities Research Council, AHRC)对实践指导的研究有以下几个重要的规定。

(1) 在研究过程中必须提出一系列的问题并进行解决，在这个过程中，有助于知识的积累和对所研究问题相关资料理解的加强。这些积累和对问题逐渐深入的过程非常重要，只有广泛大量地进行研究工作，才能找到有针对性的研究方向，并随着问题的深入，研究的进程得以不断地推进。

(2) 在实践指导的研究中必须明确指出解决这些特殊问题的重要性，要了解在这个领域内，其他正在进行的或者已经完成的研究做了什么，以及该研究项目在促进创造力、洞察力、知识和理解等方面的特别贡献。在发现问题并尝试解决问题后，调研者要时刻清楚这些研究工作的目的和作用，以及如何运用它们来帮助自己完成研究。在研究别人的工作后，要有自己的研究成果。

(3) 必须确定解决问题和回答问题的研究方法，并解释选择这些方法的原因。不同的研究性质和研究课题需要不同的研究方法，一个研究课题如果采用不同的研究方法，其研究结果可能会有所不同，使用的研究方法与研究目的、研究方向、现实因素相关联，所以选择合适的研究方法很重要，并且要说明选择的原因以支持自己的观点。

2. 初级研究、二级研究、三级研究

研究是一个复杂的过程，选择正确的研究方法可以确保获得需要的研究结果，以避免在设计和实施过程中做不必要的工作。研究方法有很多，但是都可以归纳到三个清晰的研究层级中，这三个层级分别是初级研究、二级研究和三级研究。

初级研究：是指通过自己的调查研究生成新的研究成果，主要是收集原始数据等第一手资料，使研究者增加新的知识。初级研究通常是以最佳的方式开展一个项目，因为它会使研究者快速地投入并产生最初的想法。初级研究的方法包括采访、调查、观察等。

二级研究：是对其他研究者或专家的研究进行再次回顾和研究。二级研究与初级研究相比，主要注重他人的研究与工作，常用于通过一些初级研究后，研究者已经产生大概的设计想法时，也可以通过二级研究来确定研究方向和领域。二级研究的内容与初级研究不同，需要二手资料的收集。二手资料的来源主要有内部资料和外部资料两个渠道。外部资料主要包括：①政府机关资料；②业界资料、企业资料；③市面上的出版物；④面向业界或专家的出版物；⑤互联网网站；⑥会员制数据服务；⑦会员制定期调查报告。内部资料主要包括：①经营资料；②销售、营业资料；③调查报告；④顾客信息。

三级研究：是对二级研究的回顾和总结。研究者从二级研究中收集的资料里选取其他研究者的研究成果，进行对比、讨论和总结，最终形成一篇研究资料。

简单来说，初级研究是自己所做的研究工作，包括采访、调研和调查问卷；二级研究是对现有学术研究和调研的再分析；三级研究则是对二级研究成果的整合，形成新的研究结论。

3. 定量研究与定性研究

在研究时需要运用不同的方法，简单来说，就是研究者决定采用何种方式和方法进行研究。在科学和社会科学领域，随着时间的推移，已经建立了一些实践与研究的标准方法，如定量研究和定性研究就是常用的两种方法。

定量研究：这种方法关注于研究统计数字的趋势、事实和可量化的东西(如数据和测量)，通常用于对研究对象进行统计与测量，是对现实存在的事物进行研究，以数据和事实来揭示研究中出现的问题，从而获得对研究对象整体的认识和印象。在定量研究中，所有研究资料都用数字和事实来表示。在得到这些资料后，要对其进行处理和分析。处理和分析资料时也要选择适合的尺度。史蒂文斯将测量尺度分为4种类型，即名义尺度、顺序尺度、间距尺度和比例尺度。

定性研究：这种方法关注探索性问题，如"为什么……"，而不是"怎样……"。这些问题可能是我们所熟悉的，只是我们平时不会深入地询问。定性研究包括分析文档、设计、记录、图片、电影、文字等，这不是关于统计、数据、事实和数字的研究，而是关于态度、动

机、灵感和洞察的研究。定性研究的主要方法包括：与几个人面谈的小组访问，要求详细回答的深度访问等。

关于定量研究与定性研究的区别，中国传媒大学的龙耘教授认为这两种研究的根本性区别有如下三点。

第一，两种研究方法所依赖的哲学体系不同。作为定量研究，其研究对象是客观的、独立于研究者之外的某种客观存在物；而作为定性研究，其研究对象与研究者之间的关系十分密切，研究对象被研究者赋予主观色彩，成为研究过程的有机组成部分。定量研究者认为，其研究对象可以像解剖麻雀一样被分成几个部分，通过对这些组成部分的观察可以获得整体的认识。而定性研究者则认为，研究对象是不可分割的有机整体，因而他们检视的是整个过程。

第二，两种研究方法在对人本身的认识上有所差异。定量研究认为，所有人基本上都是相似的；而定性研究则强调人的个性和人与人之间的差异，进而认为很难将人类的行为和特征简单地划分为几个类别。

第三，定量研究的目的在于发现人类行为的一般规律，并对各种环境中的事物做出带有普遍性的解释；与此相反，定性研究则试图对特定情况或事物做出特别的解释。换言之，定量研究致力于拓展广度，而定性研究则试图挖掘深度。

由于方法论上的不同取向，导致在实际应用中定量方法与定性方法具有明显的差别，主要体现在如下几个方面。

(1) 研究者的角色定位。定量研究者力求客观，脱离资料分析。定性研究者则是资料分析的一部分。对后者而言，没有研究者的积极参与，资料就不存在。

(2) 研究设计。定量研究中的设计在研究开始前就已确定。定性研究中的计划则随着研究的进行而不断发展，并可加以调整和修改。

(3) 研究环境。定量研究运用实验方法，尽可能地控制变数。定性研究则在实地和自然环境中进行，力求了解事物在常态下的发展变化，并不控制外在变数。

(4) 测量工具。在定量研究中，测量工具相对独立于研究者之外，事实上研究者不一定亲自从事资料收集工作。而在定性研究中，研究者本身就是测量工具，任何人都代替不了他。

(5) 理论建构。定量研究的目的在于检验理论的正确性，最终结果是支持或者反对假设。定性研究的理论则是研究过程的一部分，是"资料分析的结果"。

定量研究与定性研究在不同的研究中都发挥着各自不同的作用和效果，研究者要根据研究主题、研究性质、研究目的和实际情况，选择合适的研究方法。

4. 文献综述和语境回顾

1) 文献综述

文献综述是一种公认的正式学术研究报告，在全面搜集、阅读大量的有关研究文献的基础上，通过归纳整理、认识分析，以求得对研究的问题在给定时期内取得的相关研究成果、相关研究存在的问题和新的发展趋势等内容，进行系统性、全面的叙述和讨论，是研究者在课题进行中理解关键问题和相关信息的重要方法。文献综述不仅是对别人研究成果的总结，而且要求研究者对学术专家和研究人员所写的与自己课题相关的书面材料持有批判性的态度，并且在研究中发表自己的观点。文献综述证明研究者已经阅读了相关的资料，并深刻了解了在所研究领域里已发表的主要文献。

那么，怎样开始做文献综述呢？首先，要选择一个研究主题，研究主题可以是产品设计最初的概念想法。其次，要确定相关书面信息来源，一般文献资料来源于以下几种方式：学术文章、期刊、杂志、书籍、数据库、政府或其他专业机构的报告、其他相关文献回顾等。收集和阅读文献资料时要注意保持记录，以免最后整理参考书目时遗漏，呈现时用标准的形式列出参考书目，并保持版式的一致性。

文献综述虽然没有严格形式上的要求，但是应包含如下三个主要部分。

(1) 介绍。此部分设置了文献综述整体的语境和背景。

(2) 主体部分。此部分通过对不同的观点、理论和方法进行批判性的讨论，将各种观点归纳到一起，然后比较不同作者的不同观点。在做文献综述的研究时，要保证一直与自己的设计实践相联系，还要讨论在前人研究中可能出现的漏洞，以及未来需要进一步发展的方向。

(3) 结论。此部分为主要问题的概要。

2) 语境回顾

相较于文献综述，语境回顾是依据研究主题，进行包含更广泛的非文字资料的研究。语境回顾贯穿整个设计项目，是一个持续不断的过程，记录这个过程非常有意义。一般语境回顾的资料来源于以下几种方式：作品展览、表演、三维形式、数码形式等。

语境回顾与文献综述相同，应包含以下内容。

(1) 介绍。此部分设置了语境回顾整体的语境和背景。

(2) 主体部分。此部分主要是对材料批判性的评估、对比，形成一个自己的观点，并探索这些观点怎样影响自己的设计实践。

(3) 结论。此部分为观点的总结概括。

因此，语境回顾的内容范围应包括：展示对研究主题的历史性和当代性语境的理解；批判性地评估与研究相关的材料，找到目前研究领域中的知识缺口，而不是重复以前的观点；最后考虑到研究成果怎样影响自己在实践中的创新。

文献综述与语境回顾有各自的特点，但是在产品设计中缺一不可，它们是同时进行、相互补充的，因此对文献综述与语境回顾进行总结，需要设计师或研究者做到以下几点。

(1) 确定所要研究的课题。研究课题可以从自己的设计实践中遇到的问题着手，也可以是最初的设计想法，或者是针对某些研究成果和理论等。

(2) 找到已有的与研究相关的可信资料。尽可能多地寻找与自己研究相关的资料，同时也要注意资料的来源和可信度。

(3) 着重研究作为模范的研究经典。在广泛阅读资料后，针对自己的研究方向，有选择地着重研究公认的经典案例，会使研究更加具有说服力。

(4) 对比不同作者对同一问题的看法和观点。在文章资料中找到不同作者对研究问题的观点并进行对比，在对比分析中产生自己的见解。

(5) 把研究放在历史的背景和语境下进行。这样能够更深入地理解研究对象，并分析事物的发生、发展。

(6) 运用科学的研究方法。找到适合自己的研究方法，会使研究工作事半功倍。

(7) 着重寻找研究的突破口。研究的目的不是重复前人的工作,而是在其基础上发现可以发展的方向或存在的漏洞。

(8) 说明目前的研究与之前的研究工作有什么关系。研究工作与实践工作是分不开的,要说明研究与实践是怎样相互联系、相互促进的。

(9) 建议怎样进一步研究和发展。研究可以是持续不断进行下去的,在某一阶段可以是一个结束点,但同时要指出研究应该怎样继续发展。

1.3 产品设计规划

1.3.1 产品设计规划的概念

产品设计规划(Product Design Planning)中的Planning是由拉丁语Planum演化而来的,本意是指"平滑的表面"。据《牛津词典》中记载,Planning一词进入英文词汇的时间大约在17世纪,最初的含义是"在一个水平的表面上绘制图形,例如地图或蓝图"。随着时间的推移和社会的发展,该词的意义发生了巨大变化,演变为可以包罗万象的各种人类活动。

而Planning一词起初在设计领域并没有得到足够的重视,设计理念还停留在单一的产品外观设计上。随着社会的发展,特别是我国由计划经济转型为市场经济,并进入世界市场后,设计理念也随之发生了根本性的转变。同时,大众消费模式的兴起,设计方向越来越趋向于复杂化与多样性,这对企业生产造成了强烈的影响,由此,Planning开始成为企业发展与竞争的重要手段与方法。这种转变反映在众多的著作和实践中,它们展示了规划在设计中的重要性,如图1-10所示。

Planning可以翻译成:规划、策划、计划、企划。虽然英文同为一个词语,但有多种中文含义,这说明在不同的情况下,其侧重点不同。经过调研发现,在目前大部分关于产品设计规划的书籍和研究资料中,主要翻译为产品设计规划和产品设计企划,这是什么原因呢?

翻译为"企划"一词,更多地体现了与企业经营的

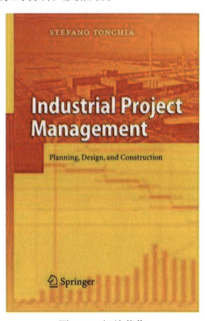

图1-10 相关著作

关系。"规划"在词典中解释为"个人或组织制订的比较全面长远的发展计划,是对未来整体性、长期性、基本性问题的思考和考量,设计未来整套行动的方案"。第一位华人企业管理博士、台湾大学商学系教授陈定国指出:"企划"古时候称为运筹、用计、筹划等;"规划"意为更长远性、全局性和概括性的行动;"计划"则是企划的具体结果。可以看出,"企划"与"规划"是Planning最贴切的翻译,而Plan的常用词性是名词,也就是翻译为"计划"最贴近原意;"企划"与"规划"是动词,犹如原因,"计划"即结果。因此,作为企业长期、稳健发

展的策划与战略，将Planning翻译为"规划"与"企划"是最合适的。

那么，产品设计规划的概念到底是什么呢？我们总结出产品设计规划的概念：产品设计规划是运用科学、合理的方法，依据现有的条件与调研结果，制订产品整体的开发计划、任务、目标，并考虑到产品寿命周期和外在动态形势，制订出长远的规划。产品设计规划贯穿整个产品开发过程，各个方面的工作相互联系、相互影响，共同完成最终目标，是成功开发新品的关键。

1.3.2 产品设计规划与设计管理

设计不是艺术家的即兴发挥，也不是设计师个性追求的体现。设计的主要任务是运用自然科学和社会科学的知识，寻求令顾客满意的答案，并要求在当地的材料、工艺、经济的约束条件下，用最佳的方式去实现。站在企业的角度来考虑，设计是推动科技进步、促进企业成长的动力，是开拓业务、创建市场的主要方法，也是适应环境变化、维护和提高竞争优势的重要手段。因此，许多企业已经将科技创新、加强设计开发提升到企业战略的地位。设计需要管理，并且在某种程度上管理比设计本身更重要。

设计管理在现代设计和经济生活中发挥着越来越重要的作用，大概归纳为以下几点。

1. 有利于做到让顾客满意

顾客需求是设计的主要动力和源泉，设计的出发点和归宿点都必须以顾客满意为最高标准。设计管理发挥设计团队的集体智慧和力量，针对设计目标有计划、有组织地分析和思考，合理地组织力量进行科学决策，能够最大限度地满足顾客需求，做到让顾客满意。

2. 有利于资源优化组合

设计是一项有目的、有计划且与各学科、各部门互相协作的组织行为，设计需要建立在企业的经济基础、工艺水平、生产条件之上，需要市场情报部门的配合和支持，必须符合企业的战略，必须符合社会化大生产的需求和市场规律。同时，设计工作的顺利开展需要各部门紧密配合、共同协作，需要集体的力量进行团队作战。而设计管理的作用就是在各个层次整合协调设计所需的资源和活动，并对人员、物资、工具、信息进行优化组合，正确地引导资源的开发与利用，寻求最合适的解决方法，生产优质的产品，以达到企业的目标。

3. 有利于开展优势设计

任何设计都会面临激烈的竞争，社会需要的是有竞争力的设计。设计管理有利于设计学与管理学的知识融合，对一系列设计资源和活动进行优化组合，开展优势设计，使设计具有竞争力。

4. 有利于企业的发展战略

设计本身具有前瞻性，设计管理使设计的前瞻性得到充分的发挥和有效的实施。良好的设计管理，通过高效的计划、组织、领导和控制等工作来协调人、机、物各种资源，从而对整个系统进行组织设计和规划调整，对设计目标进行有效的控制。这样企业就可以提高设计开发力，增强市场竞争力，从而有效地促进企业发展，有利于企业的发展战略。

从整个产品的开发流程来看，设计管理是产品开发过程中设计部分的管理工作，渗透于产品设计过程的每一个环节，是对设计规划的执行、维护和调整，便于更好地提高产品开发设计工作的效率，使设计更符合企业的整体发展战略，更能协调好设计与其他部门的工作，体现整体资源优化组合，便于开展优势设计，同时更有利于满足动态的市场需求。

因此，设计管理是产品设计开发整体工作的一部分，是对整体规划中设计规划的执行，同时起到对开发过程中设计与其他工作的协调作用。

1.4 产品设计调研与规划的关系

李乐山教授认为："设计是规划未来，设计调查是规划未来社会的生活方式，规划人性的发展变化；设计调查的内容包含行业调查及规划、企业策略与产品策略调查。"由此可见，产品设计调研与产品设计规划之间有着重要的联系，了解它们之间的关系，不仅对设计师有着重要的现实指导意义，也是企业总经理、总工程师、总设计师或设计总监在企业发展中需要把握的重要内容。

当今世界，创新是企业生命之所在，创新已经成为时代发展的主旋律。对企业而言，开发新产品具有十分重要的战略意义，它是企业生存与发展的重要支柱。我国国家统计局对新产品做过如下规定："新产品必须是利用本国或外国的设计进行试制或生产的工业产品。新产品的结构、性能或化学成分比老产品优越。""就全国范围来说，是指我国第一次试制成功了新产品。就一个部门、地区或企业来说，是指本部门、本地区或本企业第一次试制成功了新产品。"上述规定较明确地说明了新产品的含义和界限，这就是：新产品必须具有市场所需求的新功能，在产品结构、性能、化学成分、用途及其他方面与老产品有着显著差异。因此，在新产品开发中，产品设计调研与产品设计规划的作用更加重要。那么，产品设计调研与产品设计规划的关系是怎样的呢？通过前两节对它们的概念及特征进行探讨研究，可发现两者之间的相同与不同之处，以及相互之间的合作关系。

1.4.1 产品设计调研与产品设计规划的相同点

(1) 产品设计调研与产品设计规划都贯穿整个产品开发设计的流程中，从时间延续上说，它们是一种过程，在产品开发流程中相互交叉、重叠。

(2) 产品设计调研与产品设计规划都具有全局性、未来性的特点。产品设计调研在整个设计语境下，对人、物、环境等进行一系列研究，探索未来人们的需求与生活方式；产品设计规划对产品开发的各个环节进行全局性的安排与规划，为未来的新产品成功投入市场打下基础。产品设计规划是为了企业未来长远的发展。

(3) 产品设计调研与产品设计规划都具有系统性的特点。产品设计调研是一种过程和科学的方法，其内容囊括人们生活中的一切，例如，在用户研究中可以分解成性别、民族、年龄研究等，年龄研究下又可以细分为婴幼儿、青少年、中年人与老年人研究等，越来越细致。产品设计规划中层次性与系统性的管理规划是必需的，具有一定规模的企业本身就是一个庞大的系统,大系统下面又分为不同层次的小系统,从决策层到具体的各职能部门,各级之间充分沟通与共享资源,从而使产品设计规划更加科学、系统。

(4) 产品设计调研与产品设计规划都是企业长期稳健发展必不可少的方法与手段,这不仅能大幅度提高产品开发的成功率,并且从长远来看,拥有成熟、完整的产品设计调研与产品设计规划的企业较一般企业拥有更加强大的生命力,在竞争中占有更强势的地位。

1.4.2 产品设计调研与产品设计规划的不同点

(1) 产品设计调研以广泛的基础调查和研究开始,从最初发现入手,层层递进,在不断探索和研究中找到发展的方向,并明确设计的最终方案;产品设计规划必须制订清晰、明确、简洁的目标,其中制订目标是整个产品开发中关键的一步,要清楚自身的限制因素和开发对象。

(2) 就工作性质而言,产品设计调研是产品设计规划中的一项内容,连接其他方面的工作,共同协作推进产品的开发进程;产品设计规划是一种计划、一种指导、一种策略和整体的布局。

(3) 就执行主体而言,产品设计调研是设计师、研究员和分析员具体的事务,他们深入调研关于产品开发方面的内容;产品设计规划的主体是企业的高层,如企业的总经理、总工程师、总设计师或设计总监共同决策的。

(4) 从目的上看,产品设计调研是设计师个人的行为,一般根据调研现在人们的生活方式,预测出未来人们的生活方式,设计出超前的、概念化的产品;产品设计规划是以市场为导向的行为活动,是以营利为目的的商业行为。

(5) 产品设计调研可以是无止境的,产品设计规划是长期的、全面的,但是也有一定的时间限制。产品设计可以继续深入下去,产品设计调研也可以不断地细化和深入,但企业的产品开发以营利为目的,要在一定时期完成规划内容,因此,产品设计规划必须确定整体产品设计开发时间,计划好时间并合理分配。表1-2为某产品的产品设计计划时间表。

由以上分析可见,产品设计调研与产品设计规划既有交叉和重合的地方,又有相对独立和不同之处,那么,在企业的产品开发中二者是如何结合的呢?

在产品开发的初期,产品设计调研提供大量的调研结果,做出产品早期可行性评估研究报告,使产品设计规划制订出相应的限制条件、设计标准及设计要求;在产品开发的过程中,研究的成果对规划产生影响,产品开发是一个动态的过程,因此要适应随之改变的条件与环境,企业经常会对产品开发进行相应的调整;在产品设计调研与产品设计规划的推动下,开发出新产品,产品设计规划再通过统筹策划管理,对调研和设计的发展成果进行材料、工艺、市场等一系列的测评,从而选择最佳的设计方案及产品进一步发展的方向;产品投入市场后,依据产品设计规划制订的经营战略,进行一系列的商业推广活动,并同时做好市场反馈调研报告,研究成果入资料库,为未来的产品设计规划提供资料与经验。

总之,产品设计调研与产品设计规划是产品开发的基石,为了实现最终目标,它们支撑着整个开发流程,相互协作、相互配合,更好地发挥各自的作用,以提高产品开发的成功率。

表1-2 产品设计计划时间表

时间计划		4月			5月																												备注
		28	29	30	1	2	3	4	5	6	7	8	9	10	11	12	13	14	15	16	17	18	19	20	21	22	23	24	25	26	27	28	29	30	31	
第一阶段：计划和确定项目																																				
立项	计划时间	■	■	■																																
	实际时间		■	■	■																															
技术转化	计划时间			■	■	■																														
	实际时间				■	■	■																													
阶段总结及评审	计划时间				■	■																														
	实际时间				■	■	■																													
第二阶段：产品设计和开发																																				
产品设计	计划时间					■	■	■																												
	实际时间						■	■	■																											
设计验证	计划时间							■	■	■																										
	实际时间																																			
模具检讨	计划时间								■	■																										
	实际时间									■																										
OTS样品开发制作	计划时间										■	■	■	■	■	■																				
	实际时间																																			
OTS样品检测	计划时间																■																			
	实际时间																																			
阶段总结及评审	计划时间																		■																	
评审	实际时间																																			

(续表)

第三阶段：过程设计与开发		
PRMEA	计划时间	
	实际时间	
模具制作	计划时间	
	实际时间	
物料采购	计划时间	
	实际时间	
试产安排	计划时间	
	实际时间	
文件发放	计划时间	
	实际时间	
生产计划	计划时间	
	实际时间	
阶段总结及评审	计划时间	
	实际时间	

第四阶段：反馈、评定和纠正措施		
批量生产	计划时间	
	实际时间	
减少变差	计划时间	
	实际时间	
阶段总结及评审	计划时间	
	实际时间	

第 2 章

产品设计调研与规划的目的和意义

主要内容： 产品设计要求设计人员不仅要有艺术创新能力，还要具备逻辑思考能力，产品设计调研与规划就体现了设计的系统性、严谨性和逻辑性。本章进一步阐述产品设计调研与规划的目的与实际意义。

教学目标： 通过本章的学习，让读者理解为什么要进行产品设计调研与规划，它们的重要意义是什么，进而能在实际项目中合理运用这些知识，把控设计进程。

学习要点： 对产品设计调研与产品设计规划的目的和意义进行深入理解。

以往，国内的工业设计专业，也称工业产品造型设计，主要侧重于产品的外观设计。近年来，随着社会的进步和设计学科的不断发展，单纯的外观设计已经无法满足人们的需求，而是逐渐从对物品本身的设计转变为针对人的设计，深入地探求人的需求，甚至是潜在的需求。在设计研究的理论和实践方面，欧洲国家一直领先。学术上，产品设计调研已经发展得比较成熟，众多企业运用一系列的产品设计调研方法成功推出了众多产品。目前，国内也开始重视产品设计调研在设计中的作用，重视思维和方法的应用，不再局限于产品的外形设计，使产品可以更好地服务于人。

2.1 产品设计调研的目的

产品设计调研的目的，从广义上讲，主要有两个方面：一是追求理论的提升；二是寻找有效的问题解决方案。尽管两者的倾向性不同，它们在很大程度上是一致的：都是在不断尝试的过程中总结经验并逐步完善。在这里着重研究第二种目的，对于从事产品设计的专业人员来说，将实践与理论相结合，创造性地解决实际问题至关重要。

那么，在具体的设计过程中，产品设计调研的目的是什么呢？在产品设计过程中的不同阶段，它的目的也不同，可以分为以下几种。

2.1.1 找到问题和获得想法

探索所研究区域内的所有信息，包括相关论文、课题、图片、组织、人群等，目的是在获取大量信息后，识别可能出现的问题。在这个阶段，产品设计调研应尽可能地广泛和全面。

图2-1为思考环境、人、物之间的关系。图2-2为观察生活中的洗衣问题，通过观察人们的洗衣过程发现问题点。其中一个问题是，洗衣前需要对局部区域(如衣领、袖口)进行预处理。用户反映，洗衣机的洗净率不高，局部污渍难以清洗干净，通常需要预先浸泡、手洗。

图2-1 思考环境、人、物之间的关系

图2-2 观察生活中的问题

2.1.2 设计推进

产品设计方案是一个持续发展和细化的过程。在设计实践进行的同时，产品设计调研提供了大量的支撑材料和深入的分析研究,这不仅解释了设计项目是如何逐步发展的,而且为项目的进一步的发展指明了方向。因此,在这个阶段,产品设计调研的范围会逐渐缩小并更加深入。随着调研的不断深入,产品设计方案也在不断地细化。

设计推进主要分为两方面的工作内容:一是脑力劳动,包括调研、分析、理解等;二是体力劳动,包括手绘制图、计算机辅助制图等。这两者相互促进,相互影响,共同完成设计项目,缺一不可。

2.1.3 设计检验与评价

在产品设计的后期,需要进行检验。通过产品设计调研,对用户需求进行测试和分析,以检验产品概念是否达到设计的原始目标。根据检验与评估的结果,最终确定设计方向、选择设计方案或制订设计标准。如果发现产品概念未达到设计的原始目标,需要分析原因,可能包括内在的主观因素或外在的客观因素。外在的客观原因不好做调整,也许是整个市场的趋势变化,需要及时调整市场战略。如果是内在的主观原因,需要识别并修正有问题的地方。

2.1.4 市场反馈

为了更有效地开发产品市场,确立产品的市场地位,拓展品牌的市场发展空间,更好地满足消费者的需求,进行一次系统的市场调研是非常必要的。通过对产品投入市场后的调研及分析,可以及时调整产品开发战略,为后续产品开发积累资料和经验。

对市场的研究至关重要,因为产品最终需要投入市场。一个好产品重要的评判标准就是它在市场中是否有机会,它的产品概念和市场营销管理是否发挥了重要的作用。

2.2 产品设计调研的实际意义

产品设计工作的程序与内容一环扣一环,并不断推进与深化。产品设计工作可以根据活动的性质分为物理工作和智力工作两大类。物理工作是指设计师所做的一切行为上的活动,如绘图、建模、制作原型等。智力工作包括构思、调研、规划等。

早在1950年,德国乌尔姆设计学院(见图2-3)就开始对设计方法进行研究,这预示着设计领域将经历巨大变革;1962年,英国的许多设计师开始公开发布自己的研究领域;1967年,设计研究协会成立,标志着官方设计研究组织的正式成立。设计师和企业开始思考人们的活动和想法:设计活动如何进行?人们与"物品"的关系是什么?如何寻找和收集关于设计和设计活动的系统知识?人们逐渐意识到产品设计调研的重要性,那

图 2-3 德国乌尔姆设计学院

么产品设计调研的实际意义有哪些呢？我们可以从研究主体的角度探讨其实际意义。

2.2.1 设计师与产品设计调研

设计师需要具备多种能力，包括掌握多种技能(如手绘、制图等)、广泛的知识、创造性解决问题的能力等。其中，产品设计调研的能力可以说是至关重要的。产品设计调研促使设计师仔细观察生活并收集资料，善于发现问题、分析问题，从而深入了解人们的生活，满足人们的需求，甚至可以发掘人们潜在的需求，以提供更丰富的生活方式。归根结底，产品设计是为人服务的，以用户为中心，能使人们的生活更加方便、舒适和美好。图2-4和图2-5为在进行洗衣机的调研后，设计师提出的概念和表现示例。

图2-4　思考分析问题

图2-5　思考产品的使用方式

2.2.2 企业与产品设计调研

随着经济全球化的来临，世界市场日趋成熟，商业活动的竞争也愈加激烈。设计和生产行业的竞争舞台已经从国内拓展到国际。因此，如何最大限度地降低风险并确保产品在市场竞争中取得成功变得至关重要。这就需要进行产品设计调研，深入了解人们的需求、分析市场形势，进行系统性设计，大大提高产品的成功率。对于外销产品更要做好产品的调研工作，包括了解目标市场的习俗、文化、民族风格等方面情况。从长远来看，企业对某一领域的产品设计调研可以使本企业的产品设计形成具有持久生命力的产业，并推动新产品的开发。

2.2.3 社会与产品设计调研

在当今世界经济快速发展的背景下,市场上充斥着各种令人目不暇接的产品,且产品更新换代日益频繁。一些企业利用加速产品更迭来刺激消费,这种做法虽然可以起到短期效果,但并不可持续,还会产生大量"无用"的产品,造成社会资源的浪费。博朗设计公司的代表人物迪特·拉姆斯提出了好设计的10项基本原则(图2-6为迪特·拉姆斯的作品),具体如下。

图2-6　迪特·拉姆斯的作品

(1) 好的设计是创新的。

(2) 好的设计必须实用。

(3) 好的设计是唯美的。

(4) 好的设计使产品简单易懂。

(5) 好的设计是诚实的。

(6) 好的设计不唐突。

(7) 好的设计经久不衰。

(8) 好的设计能在每一处细节上保持一致性。

(9) 好的设计是环保的。

(10) 好的设计是做减法的设计。

其中,第9项原则"好的设计是环保的",即要对环境友善,创造更多经典、畅销的产品，而不是加速产品的更迭，提倡设计应为保护环境做出重要贡献，涉及节约资源及产品设计中最小化的物理和视觉污染。因此，做好充分的产品设计调研，可以减少资源浪费，并推动可持续设计的开发，这是设计师与企业应尽的义务和责任。

2.3 产品设计规划的目的

"设计"是一个多义词，它本身有计划与规划的含义，即有计划、有目的地去做某件事情。因此，产品设计作为设计领域的一个重要分支，也必然包含计划与规划的内在含义，那么在产品设计开发中对其进行长远的、全局的规划也是产品设计的内在要求。我国的产品设计是近20年发展起来的，对产品设计的理解及设计方法的探索也在不断深化与更新。在这一探索过程中，我们认识到要改变以前盲目跟随其他国家设计的状态，逐渐明白结合自身的实际情况和优势，找到适合的设计方法和设计规划，开发自己独有的产品才是正确的发展道路。因此，产品设计规划在新的时期被放在重要的位置。

产品设计规划在产品设计开发中的地位举足轻重，那么产品设计规划的目的有哪些呢？我们将从具体的规划内容中逐一进行分析。

(1) 产品项目的整体开发时间和阶段任务时间计划。虽然设计是可以不断深化、不断发展的，但任何实际的设计项目最终的目的是获得市场占有率，获得经济利益，所以产品设计开发需要在一定时期内完成任务，以保证产品及时推向市场。产品设计开发是一个复杂、长期的过程，每个阶段都有其要完成的工作，每项工作和任务一环扣一环，每个步骤都会影响最后产品的结果。因此，合理、全局地确定产品的整体开发时间对产品开发会起到宏观把控的作用，而制订相应的阶段任务时间计划，可以将工作和任务细分，从而更有利于实践的可操作性，并且可以根据情况随时对阶段时间计划进行局部调整。

(2) 确定各个部门和具体人员各自的工作职责、相互关系与合作要求，明确责任和义务，建立奖惩制度。产品设计项目的开发是一项长期而又复杂的工作，涉及的部门和员工众多，每个部门和每个员工之间都应有确定的工作关系，要明确具体的责任和义务，制订一系列的管理规定和工作标准，量化需要完成的工作任务，建立相应的奖惩制度，从而更有效地提高员工工作的积极性。产品设计项目的成功开发需要整个团队之间的共同协作、相互配合、相互交接、相互沟通，使团队的力量实现最大化。

(3) 结合企业长期战略，确定该项目具体产品的开发特性、目标、要求等内容。在这一项内容中包含大量与产品设计项目开发相关的要求，包括市场调研、产品名称、主要功能、产品风格、预期客户、产品级别与价位、产品运输与回收、产品售后服务、产品设计实施、组织产品生产等。在开发前期确定以上内容非常关键，它可以降低风险，提高产品的成功率。

从以上三项内容我们发现，产品设计规划是从整体到局部，从抽象到具体，一层层地推进和细分，逐渐把工作目标和任务落实到具体的产品特征和工作内容上。

2.4 产品设计规划的实际意义

产品设计规划的实际意义体现在产品设计目标达到后产生的一系列积极效应，在这里还是从研究主体的角度具体分析。

2.4.1 设计师与产品设计规划

一般来说，设计师有两种不同的工作状态：一种是以市场为导向，以客户委托的项目为主，需要针对目标消费群，按照严格的设计流程设计项目；另一种是以设计师为导向，实现一些在其他项目诸多限制下无法实现的尝试，包括关于材料、色彩、传统文化及未来趋势的实验和研究。这里主要讨论第一种情况，设计师应该具有以下几种能力。

(1) 熟悉产品设计规划流程。设计师不仅要在自己的专业领域内做到专、精，而且也要熟悉和了解整体的产品设计规划流程，在理解产品设计规划流程的过程中，要更加理解自己的工作内容和任务要求。

(2) 熟悉关于设计规划的知识，具有良好的团队合作精神和沟通交流能力。产品设计开发需要团队合作，而紧密、协调的合作关系更有利于产品开发顺利地进行。良好的沟通能力也是设计师必须掌握的，它会使设计师、工程师、规划师、客户等相关人员之间能够清晰、准确地表达各自的想法，为了实现共同的目标而努力。

(3) 了解和掌握产品设计规划的基础理论知识，包括产品设计基础、设计理论、人机工程、设计材料及加工、计算机辅助设计、市场经济及企业管理等知识。优秀的设计师应该广泛地涉猎与产品设计规划相关的知识，以帮助深入设计，实现设计落地。

综上所述，产品设计规划对于设计师的意义在于熟悉产品设计规划流程，掌握相关的基础知识。这也是产品设计开发对设计师的基本要求。

2.4.2 企业与产品设计规划

产品设计规划应包含的内容是基于企业或公司业务战略的规划，如设计产品总体架构(业务)、产品层次关系、产品的业务流程、产品的业务范围、产品的总体架构(技术)、产品的架构层次、产品的技术规范与标准等。企业的战略规划是制订组织的长期目标并将其付诸实施，产品设计规划与企业战略规划的最终目的是一样的，都是为了确保企业的长期发展，这就需要整体、系统、长期的规划，应做到产品设计的系统性，找到自己的设计语言。产品虽然是不断更新的，但应始终保持其独特的设计语言和风格，以提高企业品牌的识别性，即品牌形象，使针对的人群有身份认同与归属感，从而提高同类产品的市场占有率。同时，企业也要重视发展具有自身特色的创新型概念性产品，不断地探索和研究，这将使企业在未来的发展中占有优势，而不仅局限于目前的形势。

2.4.3 社会与产品设计规划

"规划"一词在现代社会被频繁提及，我们的生活离不开"规划"，如个人的职业生涯规划、企业规划、城市管理规划、产品设计规划等。所有的规划都是在特定的社会背景下进行的，与社会各个层面有着千丝万缕的联系。一方面，产品设计和新产品开发必须以满足社会需要为前提，不仅要考虑满足目前的需求，而且要结合动态发展的形势，满足长期发展的需求。为了满足社会需求，产品设计规划要进行有计划性的开发战略和全方位的调查研究，重视对先进技术的吸收和引进，在保证质量的前提下加快产品开发的步伐，使产品受益于人，发挥它的社会意义；另一方面，社会的整体规划也对产品设计产生了巨大的影响，产品设计规划通常也反映出当地的政治、经济、文化等规划方面的要求。

第3章

产品设计调研的内容

主要内容： 产品设计是一门综合性学科，其涉及的内容非常广博。一个成功的产品离不开充分、深入的调研。本章分别讲解调研产品市场、调研产品消费者、调研产品设计企业与生产企业的详细内容。

教学目标： 通过本章的学习，使读者了解产品设计调研的内容，并且在实际的设计调研与实践过程中全面地考虑各方面的问题。

学习要点： 深入理解和掌握产品设计调研的核心内容。

产品设计调研是进行产品设计的基础且重要的环节,调研内容的翔实性、准确性、全面性直接影响产品上市后的表现,不充分的调研可能导致产品市场反响冷淡,给生产企业带来经济损失,严重时,还可能给国家和社会资源生成巨大的浪费,甚至可能引发灾难性后果。

产品设计调研涉及广泛的领域,主要包括产品市场调研、产品消费者调研、产品设计与生产企业调研。本章从三个不同的角度介绍产品设计调研的内容,帮助设计和项目管理人员深入理解它们之间的关系,统筹兼顾,运用设计与技术相结合的方法制订全面的设计方案和规划。

3.1 调研产品市场

近年来,我国市场上的商品可谓琳琅满目,种类丰富多彩。从产地上看,有国产的、欧美的、日韩的、东南亚的、非洲的,等等;从种类上看,有电子产品、机械产品、交通及轻型交通工具、儿童用品、家具、厨具、文化和办公用品、户外和旅游出行用品、休闲娱乐产品等,不胜枚举,如图3-1至图3-6所示。

图3-1　电子产品

图3-2　机械产品

图3-3　交通工具

图3-4　文具产品

图3-5 家具产品

图3-6 运动产品

以前在普通消费者的观念中，一些物品能用、耐用、价格低廉就是好产品。然而，如今随着人们审美水平的逐渐提高，一般设计水平的产品已难以激发人们的购买欲望，取而代之的是那些新颖、精致、高科技含量的产品，尤其是那些符合年轻人追求奇特和个性化需求的产品变得更受欢迎。图3-7为一款音响系统，它作为壁挂式无线扬声器，专门面向追求设计感的音乐发烧友，在营造沉浸式音效体验的同时，其个性化设计和集成式消音器也能大大改善室内声音的传播质量。

面对当前产品市场的多样化、人们需求的复杂化等诸多因素，充分了解市场、摸清市场发展方向、理解消费者的真实需求、掌握产品市场的特殊性等关键信息显得尤为重要。因此，应以严谨的态度从专业的角度进行产品设计调研活动。产品调研活动从如下几个方面进行。

图3-7 个性化产品

3.1.1 产品设计定位

任何一件或一类产品，在设计之初都有明确的定位选择，从已投放到市场上的产品可以看出，其材料、结构、价格、外观造型、表面处理等无声的语言都阐明了它的定位。例如，宜家的大多数产品定位在中档市场，主要面向年轻消费者，其产品多采用简单的结构，便于组装和运输，外观靓丽多彩，质量适中，多数产品价格亲民，因为其目标顾客的使用时间可能不会太久，符合年轻人经常更换的心理需求，如图3-8至图3-10所示。

图3-8 宜家家居

图3-9　宜家的产品设计

图3-10　宜家的包装与运输便捷且人性化

当产品定位为高端客户群体时，应以高品质赢得市场，往往运用出色的设计、相对昂贵的材料、传统工艺等塑造产品特色，尤其是先进的企业理念支撑企业的运营方向，如美克·美家集团，其产品如图3-11所示。

图3-11　美克·美家的家具设计

类似的家具需要在工厂内制作、装配完善，消费者无法自行安装。消费者无须自己动手，即可收到送至家中的制作精良的成品，拆开包装就能使用。相较宜家的产品，其设计感、舒适度、美观性、选用的材料等更显高端品位，充分体现了市场定位。

因此，对市场上的产品进行信息收集和竞品分析是非常必要的，这有助于清晰地了解不同品牌的市场定位。图3-12和图3-13为调研的电视机竞品分析。

图3-12　电视机竞品分析1

海信
以55英寸、价格4 499元、型号LED55EC280JD的电视机产品为例，品牌特征为侧面肩章造型，底座和Logo处光带设计

创维
以50英寸、价格3 999元、型号50E7DRS的电视机产品为例，品牌特征为弯月形底座、钛合金边框和下边缘金属材质分割

TCL主品牌
以48英寸、价格3 799元、型号D48A261的电视机产品为例，品牌特征为Logo处的钻石切割形态和亮绿色条，底座为玻璃材质

三星
以46英寸、价格6 499元、型号UA48HU5920JXXZ的电视机产品为例，品牌特征为Logo处的线型

夏普
以52英寸、价格8 499元、型号LCD-52DS70A的电视机产品为例，品牌特征为极薄的边缘处理，Logo下方为折线造型

LG
以47英寸、价格6 899元、型号LG47LA6300-CA的电视机产品为例，品牌特征为梭形底座，下端装饰线和边框处理

图3-13　电视机竞品分析2

3.1.2　产品的功能性调查

　　任何一款产品能够立足于市场，其功能性是消费者首要考虑的重要因素。近年来，随着市场上的产品种类日益丰富，消费者对产品的要求也在不断提高，推动了众多产品已从单一功能向多功能的转变。例如手机的发展变化过程，自20世纪80年代手机面世以来，其最初的功能仅限于通话，后来增加了短信、游戏、个性化铃声等功能；进入21世纪，手机功能进一步扩展，可以拍照、听音乐、录制视频等；如今的智能手机既能打电话、还能上网、定位等，几乎相当于一台微型的计算机，如图3-14所示。

图3-14 手机的发展

从全球手机行业的发展历程看,手机市场的阶段性变化受到几个因素影响:一是通信网络的代际发展,从1G到4G、5G,直接导致手机产业在增量市场与存量市场之间切换;二是手机产品的变化发展,这种发展由大哥大到功能机、再到智能机的颠覆式变革,也有像素、屏幕优化等升级式发展。

虽然电子类产品的更新换代速度主要依赖于高新技术的飞速发展,但不可否认的是人们对产品功能的需求日渐增多,这是产品设计调研不可回避的重要因素。

调查各类产品的功能变化,一方面可以深入研究未来产品发展的方向,为新产品开发提供依据;另一方面可以寻找市场空缺,找准消费群体对于产品功能的需求意向,避免造成过度设计。

对调查结果要分析、总结。图3-15是2020年6月中国手机网民在各类应用上的使用时长占比,可以看出用户的多样化需求。

图3-15 2020年6月中国手机网民在各类应用上的使用时长占比

3.1.3 产品的外观调查

众所周知,产品外观设计能为产品带来附加值,消费者越来越注重产品的外观,从形态到色彩,消费者的喜好程度直接影响产品的销售数量。同时,符合消费者需求的产品会为企业带来丰厚的利润,所以产品的外观对于消费者和生产者都越来越重要。外观设计需要更多突破性的创新,这是产品设计调研不可或缺的一部分。随着科学技术的发展,尽管为产品的外观设计提供了更多创新的空间,但产品的外观从形态到色彩都需要将美学元素与材料及内部结构科学而巧妙地有机结合,才能令消费者接受。以手机为例,不同时期手机的外观形态与色彩也发生了很大的变化,如图3-16所示。

图3-16 不同时期的手机在外观形态与色彩上的变化

完成调研后,要将调研的结果以图文并茂的形式表现出来,如图3-17所示。

图3-17 调研结果的展示

以上的图表,优势在于其灵活的表现形式,既可以让观者一目了然,又能通过坐标轴上词语的改变,扩展和衍生出更多相关内容,使调研更全面、准确,这也是目前诸多设计公司普遍采用的一种表达方式。

3.1.4 产品的使用方式调查

在当前日益激烈的产品市场竞争中,我们能看到世界各国的设计作品。得益于通信技术的发展,既使无法直接看到实物,我们也能通过网络搜索来了解它们。这些形形色色的设计对我们来说,既打开了视野,又带来了挑战。要想设计出消费者认可的产品,在调研阶段就要认真分析、研究,不仅研究市场现有产品的优缺点,还要有所突破,从专业的角度,着重研究产品的使用方式。图3-18为U盘的多种使用方式。

图3-18 U盘的多种使用方式

可见,任何一类产品,经过深入调研就能够收集到丰富的信息,对这些信息再进行整理、分析、研究,即可发现每款产品的优缺点,从而可以在使用方式上找到突破点,设计出更新颖、易用、便捷且更符合消费者需求的新产品。

3.1.5 产品的人机工程学尺度

众所周知,人机工程学运用人体测量学、人体力学、劳动生理学、劳动心理学等学科的研究方法,对人体的结构特征和动能特征进行研究,提供人体各部分的尺寸、重量、体表面积、比重、重心等结构特征参数,以及人体各部分在活动时的相互关系和可及范围;同时,还提供人体各部分的出力范围及动作时的习惯等人体机能特征参数,分析人的视觉、听觉、触觉及肤觉等感觉器官的机能特性;分析人在进行各种劳动时的生理变化、能量消耗、疲劳机理及人对各种劳动负荷的适应能力;探讨人在工作中影响心理状态的因素及心理因素如何影响工作效率等。

社会的发展、技术的进步、生活节奏的加快、产品的频繁更新换代,这些社会与物质因素促使消费者在享受物质生活的同时，更加注重产品在便利性、舒适性、美观性、可靠性、安全性和高效性等方面的需求。因此，在设计产品外观时，应充分调查市场上现有产品在人机工程学尺度上的匹配度，进一步细化产品的外观设计，为新产品设计提供可靠的依据。调研完成后，将问题整理出来，如图3-19所示。

图3-19　对调研问题的整理

3.1.6　产品的内部结构、材料及生产工艺

产品外观造型的美感需要合理地利用材料、结构和生产工艺的特点进行塑造。产品结构设计应符合生产工艺原则，在规定的产量规模条件下，采用经济的加工方法，制造出合乎质量要求的产品。

材料和生产工艺是产品设计的物质技术条件，是产品设计的基础和前提；产品设计通过材料和生产工艺转化为实体产品，材料和生产工艺通过产品设计实现其自身的价值。

材料作为产品、人、环境这个系统中的关键要素，以其自身的特殊性影响产品设计，不仅保证了维持产品功能的形态，并通过材料本身的性能满足产品功能的要求，成为直接被产品使用者触及和视及的唯一对象。因此，任何一个产品设计，只有与选用材料的性能特点及生产工艺相适应，才能实现产品设计的目的和要求。

产品结构、材料及生产工艺也依赖科学技术的快速发展，新材料、新工艺、新型结构方式的出现都为产品设计提供了多种可能性。

产品设计常用的材料有五大类：金属、木材、塑料、陶瓷和复合材料(见图3-20)。

图3-20　碳纤维复合材料

现代产品通常采用一种、几种或多种材料的组合。近年来，材料科技发展迅速，新型材料不断被应用在新产品开发上；同样，新的生产工艺随着科技迅猛发展而日益提高，甚至实现了过去不可能完成的产品结构形式。例如，3D打印技术的出现，将诸多不可能的结构形式变为现实，如图3-21和图3-22所示。

图3-21　3D打印技术的运用

图3-22　3D打印的自行车

3D打印技术使用的"墨水"可以是多种材料，如金属、陶瓷、塑料、砂石及各种食物。"墨水"通过高温或激光处理被抽拉成丝状。随后，这些半流体状态的材料依照计算机中的三维模型设计，由喷嘴按照x、y、z三个坐标轴的定位点喷出，然后在指定位置凝固成型。经过逐层堆积后，模型逐渐构建成立体结构。

由此可见，深入了解新技术、新材料等高科技发展状况，对于产品设计是非常重要的。

3.2　调研产品消费者

消费者购买产品的基本目的是满足其实际使用需要，随着社会的发展，消费者越来越需要产品带来的精神享受，这与消费者的价值观、生活方式的变化及消费心理的变化密切相关。当企业开发新产品时，可以从建立用户模型开始，定位潜在消费者，进一步深入研究，要从以下三个方面进行详细分析。

3.2.1　消费者的价值观调查

20世纪中期至末期，我国消费者更注重产品的使用功能而非精神功能。随着生活水平的不断提高，人们的视野不断扩大，通信技术的飞速发展，也迎来了信息大爆炸时代。因此，人们消费观念的形成和演变是与社会生产力的发展水平及社会文化的发展水平相适应的。经济发展和社会进步促使人们逐渐摒弃了自给自足、万事不求人等传统消费观念，代之以量入为出、节约时间、注重消费效益，并从消费中获得更多精神满足等新型消费观念。

进入21世纪后,我国市场上的产品种类越来越丰富,为消费者提供了更多的选择,并呈现出如下3个特点:①个性化消费占据主导地位;②消费者的主动消费意识不断增强;③网络消费的便利性和趣味性吸引了众多消费者。这种现状是产品设计不可忽略的重要环节。

案例一: 产品机会点分析

消费者在网络上购物的种类涉及生活的方方面面。随着智能手机的普及,在手机上购物越来越普遍。人们购物方式的变化,也体现出消费者价值观念的转变。因此,在进行产品市场调研时,应加强市场细分化、专业化的研究,做到有的放矢,为新产品开发提供准确、完备的信息。图3-23至图3-26为对产品机会点的分析和研究。

总之,消费者购物的快乐来自产品。当前,许多消费者的价值观表现在通过购买体验以获得快乐,买到称心的产品也是实现自我需求的快乐源泉。

孝,取自《尔雅》一书,属儒学范畴。

【释义】 善事父母为孝,百善孝为先。

礼,取自《礼论》一书,属儒学范畴。

【释义】 礼在中国古代是社会的典章制度和道德规范。

图3-23 中国家庭观

取自《中庸》一书,属儒学范畴。

【释义】 喜怒哀乐之未发,谓之中;发而皆中节(节度),谓之和。

中也者,天下之大本也;和也者,天下之达道也。致中和,天地位焉,万物育焉。

图3-24 中国家庭健康观

产品机会点:①关注老幼健康;②愿意为健康投资。

图3-25 中国饮食习惯——以食为天,养生为尚

产品机会点:①养生之道注重提高生命质量;②传统烹饪方式给环境带来压力。

图3-26 中国传统生活方式——日出而作,日入而息

产品机会点:①生活方式讲求简单闲适;②和自然有与生俱来的亲近感。

3.2.2 消费者的生活方式调查

生活方式是指人们的日常生活习惯、行为模式、产品使用习惯、消费行为、休闲活动等。生活方式是人们在工业社会时代追求更加优质生活的主要社会心理动机，这就要求我们清楚地了解消费者在物质和精神上的双重需求，或者是消费者对产品的期待等设计因素，把握某类产品与人们生活方式的关系，以确定设计目标。

案例二： 电视机设计调研

随着我国经济的快速发展和科技的不断进步，人们的生活方式经历了显著变化。过去，没有网上购物、普通家庭没有汽车、市场上很少见到进口商品等。如今，人们的消费观念发生了巨大变化，生活方式已经由传统模式进入"互联网+"时代，对于产品的要求越来越高，人们越来越重视生活体验、使用新产品的体验、享受服务的体验等。通过生活方式调查，可以比较直观地发现消费者对产品的功能、使用方式、外观、材料等物理需要和审美需要。图3-27至图3-29、表3-1和表3-2是针对电视机设计的生活形态研究。

图3-27　主流消费群体的调查

图3-28　主流消费人群定位

城市

沈阳、北京、济南
上海、重庆、广州
调查城市的生活形态

专家意见

从相关行业中,邀请知名专家
为入户调研提出了方向性意见

典型用户

根据家庭生命周期理论选择典型用户
进行入户调研
关注心理需求和审美趋向

图3-29 用户调研对象

通过走访一些专业卖场,调研电视机的销售情况,以获取第一手资料。同时,关注国美在线、苏宁易购、京东商城等网络电商平台的销售信息,以获得电视机品牌的市场表现和竞品分析。

从社会学的角度入手,深入研究家庭生命周期理论,并在不同的周期阶段中寻找典型的家庭进行入户调研,以了解这些家庭成员的心理需求和审美偏好。

从家庭陈设和文玩器物的角度入手,在进行入户调研时关注业主家中的中国传统文化元素的陈设,以及甄选这些陈设在家中所传达的吉祥寓意。

表3-1 用户问卷调查统计

家庭周期	受访者	喜好传统物件	产品信息渠道	购买点排序	摆放方式	电视收看时段	抱怨	第二台电视机	周边产品
新婚期	徐丽	民俗玩偶	网络电商	外观/品牌/功能	壁挂	19:00-22:00 综艺节目	遥控器	无	机顶盒、视频输入、网络
	李宗泽	套娃	网络电商	外观/品牌/功能	壁挂	20:00-23:00 综艺节目、电视剧	机顶盒	无	机顶盒、网络、视频输入、类数码相机
	徐晓光	盆景	网络电商	外观/品牌/功能	壁挂	19:00-22:00 综艺节目、电视剧	无	无	机顶盒、网络、手机、数码相机
满巢期[1]	张念博	手串	网络电商	品牌/功能/外观	壁挂	21:00-23:00 体育频道	网络不畅	卧室	X-BOX、机顶盒
	杨猛	瓦猫、龙鱼、神兽	网络电商	品牌/功能/外观	壁挂	19:00-20:00 新闻访谈类节目	机顶盒	无	机顶盒、网络盒子
	张默	奢侈品	网络电商	品牌/功能/外观	壁挂	19:00-20:00 新闻	无	无	机顶盒

(续表)

家庭周期	受访者	喜好传统物件	产品信息渠道	购买点排序	摆放方式	电视收看时段	抱怨	第二台电视机	周边产品
满巢期[2]	刘军	紫水晶、木化石	大型商场	品牌/功能/外观	底座	20:00-23:00 体育、电影	音响效果	卧室	多台机顶盒
	李云	铠甲	商场	品牌/功能/外观	底座	22:00-23:00 体育、电影	遥控器	卧室	机顶盒
满巢期[3]	李少宏	玉石、根雕	商场	品牌/功能/外观	底座	21:00-23:00 体育	无	无	机顶盒
	郑昕	书法、国画、古玩	商场	品牌/功能/外观	底座	22:00-23:00 综艺、新闻	系统及信号	卧室	机顶盒
	王志杰	书法	商场	品牌/功能/外观	底座	19:00-22:00 新闻、电视剧、综艺	清晰度	卧室	机顶盒
空巢期	潘宝路	书法	商场	品牌/功能/外观	底座	19:00-23:00 综艺、新闻	遥控器	无	机顶盒

从户型和装修风格的角度入手，在入户调研时比较南北方户型的差异、不同年龄层装修风格的异同，试着寻找中国传统风水学、室内装修风格对电视机摆放及外观选择的影响。

由于南北方气候的差异，导致建筑墙体厚度存在差异，北方墙体较厚以适应寒冷气候，这可能会影响家具布局和电视机的摆放方式。以图3-30中同一地产公司旗下项目为例，同样110m²的房子，在广州和沈阳的客厅开间相差了0.5m。这也是在北方大部分家庭会选择把电视机挂在墙上的原因。

图3-30 南北方户型差异研究(客厅开间)

表3-2 产品网络调研

排位	对电视关注的问题点	壁挂式/底座式	对智能电视的看法	若电视尺寸与质量相同购买电视更多取决于	使用电视的时间	更频繁地使用电视的哪些功能
第一位	屏幕清晰度	壁挂式/77.61%	使用率不高	屏幕分辨率	晚上/121分钟	观看有线电视
第二位	产品质量	底座式/16.62%	需要更多的智能化功能	品牌	早晨/32分钟	接入PC看高清电视
第三位	音质	其他方式/5.77%	不够智能	产品外观	深夜/19分钟	使用电视盒子
第四位	价格		性价比不高	材质	中午/17分钟	连接高清游戏机
第五位	外观		已经能满足	电视厚度	下午/6分钟	上网

受访人数为210人，其中男性占46%，女性占54%；年龄分布为22岁以下占43%，22~30岁占33%，31~40岁占24%；在居住地区方面，东北地区占18%，华东地区占22%，华中地区占27%，华南地区占24%，西南地区占9%。

3.2.3 消费者的实际消费心理调查

消费心理学是社会心理学的一个分支，是研究消费者行为的科学，用于观察、描述、解释和预测消费者行为，致力于探索消费者特有的心理现象及其发展变化规律。

消费者接受一件新产品会有从认识到熟悉的过程，从另一个角度说，这个过程也是产品在市场上的生命周期，即导入期、增长期、成熟期(饱和期)、衰退期。

在研究消费者的消费心理时，需要了解产品生命周期与消费心理的关系，把握各个阶段的特点，通过具体分析得到较准确的信息，为新产品的开发设计提供可靠的依据。

1. 导入期产品的特点

经过一段时间的研发，产品已经可以投入市场，此时处于试销阶段，消费者对新产品还不太了解。然而，具有一定的新颖性，甚至是独创性的产品，其本身可能还不够完美。这个阶段能够对新产品感兴趣的消费者，一般是具有冒险精神、独立性强的年轻人，而且具备一定的经济实力，或是喜欢并有能力追逐新潮的中老年人，他们经济独立、收入稳定、愿意接受新生活的挑战。因为新产品的价格一般会高于老产品，因此目标消费群体往往具备较高的经济水平。

2. 增长期产品的特点

经过导入期产品在市场上的宣传及营销策略的造势，修正了产品初期的不稳定因素，产品被众多消费者认可，销量逐步增长，以快速扩大市场占有率的态势进入产品生命周期的第二阶段。此时，最显著的特点是销售量大幅增加；产品质量稳定，大批量投入生产；竞争危机来临，尽管由于大批量生产降低了生产成本，但相关企业试图分得市场份额，竞争企业开始在该产品的基础上进行改进。进入市场竞争日趋激烈阶段，消费者开始普遍认识到新产品的优点，有些抱有从众心理的消费者跟进购买，消费者从青年到中老年，有些消费者开始进行攀比，促使销售额不断增加。

3. 成熟期产品的特点

成熟期是产品生命周期中的鼎盛时期,产品销售量达到顶峰,持续一段时间后,销售便会缓慢下来,逐渐进入相对稳定的状态。产品种类不同,销售旺盛持续期的长短也各不相同;从产品的质量看,此时产品本身的成熟度最高,性能稳定,销量最大;市场竞争更加激烈,产品已经不再是独占市场,产品价格逐渐变得"平民化",致使企业能拥有的利润开始下滑。消费者普遍分布于各个年龄段,其中一些人可能表现出较强的攀比心理和求廉心理,但由于消费者心理得到满足后,又开始寻找新的产品,部分消费者对现有产品不再满意,开始把目光投向更新的产品。

4. 衰退期产品的特点

产品的衰退期是指它在市场上失去竞争力,被消费者认为陈旧老化,产品的销售量下降,在市场上逐渐出现被淘汰的趋势,甚至出现亏损的状态。一部分消费者期待变化,期待新产品;另一部分消费者则期待降价;还有一部分消费者抱有怀旧心理,不愿接受新产品而成为老产品的持有者。

当调研消费者的消费心理时,可以通过列表的形式,分析各个消费群体的比例关系,如表3-3所示。

表3-3 调研分析

产品生命周期	消费者群体	消费者个性特征	各消费群体人数比/%
导入期	新潮人群	敢于冒险、独立性强、有经济实力	2.5
增长期	早期接受群体	有一定接受、领导和影响能力	13.5
成熟期	普遍接受群体	善于服从,从众心理强	68
衰退期	守旧群体	保守且传统,接受新事物迟钝	16

3.3 调研产品设计企业与生产企业

如果产品设计未充分考虑生产因素,可能会导致生产过程中需要大量额外费用来调整或更换设备、物料和劳动力。相反,优秀的产品设计不仅在功能上表现出色,而且便于制造,生产成本低,从而使产品的综合竞争力得以增强。许多在市场竞争中占优势的企业都十分注重产品设计的细节,以便设计出造价低并具有独特功能的产品。

在许多发达国家,企业都把设计视为关键的战略工具,认为优秀的设计是赢得顾客的关键。产品设计能够满足消费者需求的最后环节就是生产企业。如果不了解生产工艺、生产能力、技术水平等关键因素,即使再优秀的设计也无法发挥其作用;反之,企业的技术力量再强,不重视产品设计,也不会有太好的竞争能力和发展前景。因此,充分调查产品设计企业和生产企业方方面面的状况,是给消费者提供优秀产品的前提,二者相辅相成。

3.3.1 产品设计企业调研

随着社会的持续发展和市场经济步伐的加快,我国的产品设计企业发生了日新月异、翻天覆地的变化。进入21世纪后，我国加入了世界贸易组织(WTO)，加强了与世界各国的经济、文化更高层次、更深入的交流，这既是机遇，又是挑战。同时，又让我国的产品设计企业面临着严峻的市场挑战与激烈的竞争。

在这种情况下，工业产品设计行业肩负着提升我国企业产品在国际上的竞争力的使命，被人们所关注并得到快速发展。目前，中国市场上的工业设计公司，大致可分为三类：本土公司、本土化的国外知名设计公司和国外的设计公司。

1. 本土公司

近年来，在国家对大学生创业提供优厚政策的鼓励下，众多艺术类院校的优秀毕业生纷纷自主创业。设计公司在各个城市如雨后春笋般涌现，其中一些公司不仅在国际上获得设计大奖，也获得了客户的认可与好评。

2. 本土化的国外知名设计公司

一般情况下，这类公司采用合资、合作的形式，引入国外知名设计公司的先进设计理念和设计师，注重品牌效应，使产品的研发和制造本土化、品牌本土化、人力资源本土化、管理及营销方式本土化等。例如，DELL公司在跨国经营中，注重产品制造的本土化，强调技术创新、服务品质与信誉的高效整合，使消费者群体迅速扩大，市场快速扩张和成长。

3. 国外的设计公司

自从中国加入WTO后，众多国际知名跨国公司纷纷进入中国市场，以期在市场上占据一席之地，他们不仅看重我国丰富的物产资源，更看重雄厚的人才资源。例如，美国、英国、德国、丹麦、荷兰、意大利等国都有设计公司进入中国市场，以英国的阿特金斯设计公司为例，首先进入中国香港特别行政区设立分支机构，并在深圳设立基地，随后逐步发展到上海、杭州、成都等城市，规模日益壮大。

3.3.2 产品生产企业调研

对产品生产企业的调查和研究，应在国家政治、经济的大背景下，客观、理性地进行分析。毕竟，生产企业都是在国家制造业的大环境中生存，与国家的整体发展状况同步。一些涉外企业还受到全球政治经济波动的影响，要面对来自国际社会的压力。2011年，德国工业科学院提出了"工业4.0"概念，特别强调将物联网与服务整合应用于制造领域，能自我预测、自我维护和自我组织学习。美国、英国也在网络化、数字化、智能一体化等高新科技领域保持领先。我国的制造业要在国际舞台上占据一席之地，需要做出重大调整。下面从三个方面具体分析。

1. 生产企业现状

近年来，我国的产品生产企业发生了很大的变化，据相关媒体报道，主要是由于全球产业格局变革带来的挑战，使我国的生产企业也感受到了压力。图3-31和图3-32为天津美术学院师生到天津北辰工业园区的塑料制品生产企业实地调研。

图3-31　生产企业实地调研1

图3-32　生产企业实地调研2

我国制造业面临压力，主要源于如下两个方面：一方面，全球制造业领域的激烈竞争序幕正在拉开，西方国家正在回归工业化，欧美一些国家已经提出"再工业化"政策，而不少后起的发展中国家对制造业的产业追赶也在如火如荼地进行。显然，在动态竞争的全球市场中，我国制造业的竞争力面临着不进则退的挑战。

另一方面，我国是资源环境约束明显的发展中大国，过去依赖大规模投入劳动力和自然资源的发展模式，导致环境承载力紧张，不具备可持续性。因此，积极转变我国制造业的发展模式非常重要。我国应从过去的开放国内市场换取国外先进技术的模式，转向自主创新的发展阶段，唯有依靠创新驱动，才能提升生产企业的竞争力，推动我国制造业的升级与发展。

随着全球经济复苏和国际市场需求的增加，我国制造业正加快转型升级和结构优化的步伐，通过加强技术研发、推广信息化、提升产品质量等措施，不断提升制造业的附加值和竞争力。同时，在政策的大力扶持下，我国制造业快速发展，增加值也随之持续增长。据资料显示，2022年我国制造业增加值达到335215.3亿元，同比增长5.9%。

2. 生产企业发展的方向

随着经济的发展和人民收入的提高，我国的消费市场正在不断扩大。居民可支配收入的稳步增长，为高端医疗、高端消费等领域的高端制造业发展带来更广阔的市场空间。此外，近年来，国家在振兴装备制造业、发展高端制造业、培育战略性新兴产业等方面，密集出台了诸多政策和配套措施，"十四五"规划更是将提升制造业创新能力、推进两化融合、主攻智能制造上升为国家战略。

第一，由制造大国向制造强国转变。长期以来，我国制造业依靠低成本优势迅速扩张，但缺乏自主知识产权和核心技术，这在一定程度上限制了其发展。随着政府对制造业创新发展的重视和扶持力度的加大，我国制造业正在逐步实现由量到质的转变，注重提升自主创新能力和核心竞争力，加快向高端制造业攀升。

第二，智能制造升级。近年来，我国制造业不断引进、消化和吸收国际先进技术，加快推动互联网、大数据、人工智能等新一代信息技术与制造业的深度融合，加速制造业的技术升级和产业转型。许多制造业企业已经开始引入智能制造技术，建设数字化、网络化、智能化的生产线和工厂，以提高生产效率、降低成本、提升产品质量。未来智能制造将成为我国制造业发展的重要方向。

第三，数字化转型。数字化转型是我国制造业发展的另一重要方向。通过应用数字化技术，企业可以实现生产过程的可视化、可控化，提升制造过程的透明度和灵活性。同时，数字化转型有助于企业构建数字化生态系统，实现供应链、生产、销售等环节的协同优化，提升企业的整体竞争力。

第四，绿色制造。在全球环保意识日益增强的背景下，绿色制造已成为我国制造业发展的必然趋势。企业需要通过采用环保材料、节能技术、循环经济等手段，降低生产过程中的能源消耗和环境污染，实现可持续发展。同时，绿色制造也有助于企业提升品牌形象和市场竞争力。

第五，创新驱动。创新是推动制造业发展的核心动力，我国制造业需要加强科技创新和研发投入，推动产业技术变革和优化升级。通过培育创新型企业和人才，加强产学研合作，推动制造业向高端化、智能化、绿色化方向发展。

3. 生产企业及时调整

十九届五中全会提出，加快构建以国内大循环为主体、国内国际双循环相互促进的新发展格局。在新发展格局下，扩大内需成为形成新发展格局的战略基点。我国强大的内需潜力和超大规模市场优势将成为拉动我国经济增长的主要因素。对企业而言，这是发展壮大的一个重要契机，企业必须积极分析当下时代、政策、市场的变化，适应新发展格局的需求，更好地顺应市场经济发展的趋势。

第一，认清形势，做好攻坚克难的准备。在新形势下，企业要做的第一件事便是调整自身心态，抱着侥幸心理不积极寻求改变的企业必将被市场淘汰。在企业寻求应对策略的过程中，一定会遇到诸多的困难，例如短时间内无法找到合适的供给侧渠道、流动资金短缺等困难，企业一定要对这些做好应对预案。这是决定企业未来发展的关键时刻，企业只有认清当下形式，做好面对一切困难的战略和措施上的准备，才能在市场上重新站稳脚跟，并在后续的发展中得以更进一步。

第二，洞悉国内需求，根据市场确定发展方向。构建新发展格局的根本就是以国内市场需求为基础。企业想要在新发展格局下得以发展，就必须调查清楚国内市场的需求，在洞悉国内市场需求的前提下，给自身精确定位，重新确定企业未来的发展方向。根据我国内需趋势、国内产业分工体系、国内经济市场分布制定明确的战略目标，再以战略目标为生产经营理念的指导，对产业结构进行战略升级和调整。

第三，革新组织架构，重视企业管理发展质量。组织结构是决定企业发展质量的重要因素，在构建新发展格局过程中，企业会面临组织架构与市场变化不匹配的问题。之前确立的固有组织结构在新的形势下有许多地方需要改进，才能够适应当下的市场竞争需求。企业需要及时反思组织架构调整中遇到的各种问题，尽量用最小的调整换来最大的收益。

第四，着力技术升级，以创新为企业注入活力。技术是企业能否在市场上生存最重要的因素之一。更先进的技术就意味着更高的生产效率、更优质的产品，就能在同类产品的竞争中凭借着更低的价格和更好的质量脱颖而出。在构建新发展格局过程中，企业必须改善依赖国际技术支持的局面，加大对科研项目的投入，只有不断地对技术进行升级，甚至是原创属于自己的技术，并达到国际领先的水平，才能实现由劳动和资源密集型企业向技术密集型企业的转变，从而为企业带来更多的收益，在新发展格局下更好地发展壮大。

　　第五，更新竞争策略，谋求差异化的竞争方式。由于新发展格局要求我们进一步刺激国内消费需求，深度挖掘我国的超大规模市场，国内市场的蛋糕会进一步变大。在这种形势下，企业便可以对自身竞争策略进行调整，过去国内企业是凭借价格和成本竞争。但是在市场变得更加广阔之后，企业应当重新对自身定位，通过自身产品和技术上与其他企业的差异性，开展差异化竞争策略，对国内供给侧结构进行优化，从而重新构筑适合自身发展的平台。

第4章

产品设计调研的方法

主要内容：根据产品设计调研的程序，启发读者如何开始产品设计调研，介绍产品设计调研的具体方法，以及撰写调研报告的相关要求和格式。

教学目标：通过本章的学习，使读者了解产品设计调研是如何展开、如何推进、如何分析总结归纳，进而如何影响设计的不断发展的，还要理解和掌握产品设计调研的具体方法，能够在实际的设计项目中运用。

学习要点：对产品设计调研过程的理解、对具体调研方法的掌握与运用。

产品设计调研是一种可以运用的方法和手段,无论在学术科研中,还是在设计实践的发展中,都需要产品设计调研。那么,如何运用产品设计调研是人们需要重点掌握的,即掌握产品设计调研的方法。研究产品设计调研的方法,使调研者能够清楚地了解产品设计调研对于设计实践进一步探索的重要性。调研者需要掌握一系列有关如何发展初始的想法和如何深化研究的方法,做到有条理、有逻辑性的研究工作的书面呈现,学会使用正规通用的注释和引用方法等。总之,产品设计调研的方法对于产品设计有着至关重要的实际和理论意义。

4.1 开始进行产品设计调研的方法

任何事情都是开头难,有一个好的开头就意味着成功了一半,如何开始产品设计调研是许多产品设计初学者感到比较困难的一步,通常不知道该如何下手。因此,在介绍具体的产品设计调研方法之前,先讲解一些开始产品设计调研的方式方法,以启发大家的思考。

4.1.1 广泛铺垫式调研

开始产品设计调研时,先从不同的角度去搜索和研究相关的资料是很好的方法。了解设计课题相关的背景能够更好地理解研究主题,如可以用思维导图的方式绘制关系网络,在每个点位上进行一定的展开式调研。

思维导图,又称心智导图,是表达发散性思维的有效图形思维工具,它简单、实用、有效且高效。思维导图通过图文并重的形式,将各级主题的关系用相互隶属与相关的层级图表现出来,并将主题关键词与图像、颜色等建立记忆链接,充分调动人们左右脑的机能,利用记忆、阅读、思维的规律,协助人们在科学与艺术、逻辑与想象之间平衡发展,从而开启人类大脑的无限潜能。因此,思维导图是一种将思维形象化的方法。在产品设计调研前期,应用思维导图的方法来整理思路、梳理关系,使人看到项目所包含的整个图景,有细节又不会忽略整体,逻辑关系清晰明了。图4-1是以床具为设计主题所发散的思维导图,从产品、用户、设计方向这几个方面去延伸,尽量将能想到的因素都列举出来,从而更好地帮助设计者寻找设计的方向。

案例一: 床具调研

下面以研究床具为例,从以下几个方面去研究:①使用方式方面,对床具的使用方式进行总结,试图找到更好的使用方式;②历史方面,从床具的发展历程中看到床具的变化;③横向比较方面,在确定的时期,比较中式家具和北欧家具的特点,看到文化背景对设计的影响;④实验方面,探索用新材料替换旧材料的可行性。初期研究的视野要宽广,在不断探索的过程中持续地提出问题,并慢慢从中找到自己感兴趣的点进行深入,研究的焦点也越来越集中。

图4-1 思维导图

1. 关于使用方式

为什么人们会有这些主要的睡眠姿势？

这些睡眠姿势对于人类来说是最佳的？还是因为人们习惯这样？

如果答案是后者，我可以提供一个机会去设计一种新的床具，这可以创造新的睡眠姿势吗？

我可以改变人们的生活方式，为他们提供更健康更美好的生活吗？

2. 对人类睡姿的研究

英国睡眠评估和咨询服务机构分析出以下6种常见的睡觉姿势及其人物性格特征，如图4-2所示。

图4-2 常见的睡姿

1) 胎儿型

那些蜷缩成胎儿姿势的人，一般内柔外刚，坚强的外表下有着一颗敏感的心。这是最常见的睡眠姿势，在1 000名的调查者中，有41%的人采用这种姿势，其中女性比男性多一倍。

2) 树干型

双手在两侧笔直向下伸展，身体靠一边平躺。这种类型的人比较容易相处，爱与人交往，喜欢融入人群，容易信赖陌生人。

3) 向往型

侧躺，双手由胸前向外伸展。这种类型的人一方面有开放性，另一方面则多疑，并愤世嫉俗。他们做决定比较缓慢，但一旦做出决定就不再改变。

4) 战士型

背靠床仰面平躺,双手紧贴两侧。采用这种睡姿的人通常比较安静、内敛,他们不喜欢忙乱,对自己和对他人都有较高的标准。

5) 自由落体型

面向床扑躺,双手抱枕,脸靠枕头偏向一侧。这种类型的人比较合群,性情较急,但能保持镇静,脸皮较薄,不喜欢被人批评或一些极端的情况。

6) 海星型

面朝天花板仰躺,双手上翻靠枕。这种类型的人有很多好朋友,喜欢倾听对方,能在别人需要的时候及时提供帮助,不喜欢成为引人注意的焦点。

3. 对动物睡姿的研究

不同的动物为什么会有不同的睡姿(见图4-3)?

人类与动物的睡姿有什么不同?

我们可以从自然中得到灵感吗?

图4-3 动物的睡姿

4. 关于睡眠的调研(来源于英国更好睡眠委员会)

53%的女性觉得她们没有得到足够的睡眠,而有此想法的男性占47%。

在成年人中,有些人感觉更多的睡眠被剥夺,其中35~54岁的人占52%,18~34岁的人占44%,55岁以上的人占4%。

女性有更多的睡眠需求,但比男性更容易缺乏睡眠。

47%睡眠不足的成年人使用的是不够舒适的床垫。他们通常倾向于一个稳定的睡眠与起床时间安排。

59%的成年人认为新的床垫会改善他们的睡眠。

5. 床具的历史

从古到今，在不同文化中，床具被认为是最重要的家具，是一种身份的象征。

下面是对国外床具发展历史的调研，以17世纪至20世纪为时间线，对床具的形态、材料、结构等方面进行调研，从纵向对比中可以了解国外床具的发展演变。图4-4为不同样式的床具。

17世纪：用木材框架作为床具的主体支撑，用绳子和皮革作为床面。

18世纪：在18世纪中期，床顶的帷幔由高质量的亚麻和棉布制成。

19世纪：钢铁取代了过去的木材框架。1865年，第一个螺旋弹簧结构的床具出现了。

20世纪：20世纪30年代，以内装弹簧的床垫和软垫为基本配置的床具形成了，成为现在人们使用的典型床具形式。

图4-4 不同样式的床具

6. 床具的类型

现在人们日常生活中除了普通家用的床具外，常见的床具类型还有炕、榻榻米、传统中式床、婴儿床、双层床、医疗用床等，如图4-5所示。

图4-5　床具的类型

7. 关于生活方式

人们想要拥有怎样的家？

人们想从家里得到什么？

人们的喜好和生活方式是怎样影响家和家里的物品的(见图4-6)？

图4-6　家庭陈设

"家"的含义——"我的家：光、宁静和放松。""我更喜欢自然的色调，柔和圆润的形状，我有很多花盆和舒适的材料。""我想要一座房子，它让我感觉像是在度假。不可否认的是，像是在度假的房子十分诱人，让人们逃离城市。它提供了从城市激烈的竞争中逃离的可能性，是许多人的梦想。"……

8. 关于设计方向

怎样在保护自然环境的同时发展经济，已成为全球面临的问题。如在满足人们基本需求的同时，尽量减少能源的消耗和资源的浪费。

由此可以联想到中国古代思想、目前的环境问题与产品设计之间的关系，寻求环境友好的生态设计和绿色设计。

9. 关于社会的经济、科技、文化等方面背景的研究

(1) 研究从14世纪至今的欧洲室内设计，它显示了人们生活方式、审美和时尚的变化。

(2) 研究从14世纪至今的室内设计与同时期发生的事件，包括社会事件、战争、文化交流、科学和经济发展等。

(3) 20世纪世界发生了很大的变化，经济的飞速发展使科技也随之迅速发展起来，这为艺术和设计的进步提供了更广阔的平台，许多新产品均出现在这个时期。20世纪的变革不仅是科技上的，也是人们思想上的。

(4) 人口迁移与经济发展水平也是影响设计的重要因素。

(5) 不同地区的文化对当地的产品也潜移默化地产生强大的影响。例如，斯堪的纳维亚设计因为普遍运用白色和蓝色等清新的色彩，拥有独特的风格，广受人们的喜爱。

(6) 对不同类型房屋进行搜索，包括公寓、住宅、独栋别墅和联排别墅，观察其室内设计，试图找出房屋的类型与其室内设计是否有某种关系。经过研究发现，我国的别墅一般只有富裕的家庭才承担得起，其室内设计更多的是倾向于古典欧式风格。

由研究和整理可以看到调研者是怎样发现问题，并从问题出发再推动研究进一步发展。

通过上面的案例我们可以了解关于床具研究的整个背景，及在这个大背景下可以从哪些方面进行深入的研究，以广阔的视角来看问题，避免一开始就陷入思维的禁锢中，或自己的主观性太强，导致设计的产品是"我想""我喜欢"，而不是"他想、她想、他们想"。一个成熟的产品设计是综合各种因素来解决问题的，是经过大量的调研分析总结推断出的，那么可以从哪些方面进行调研呢？列出思维导图，展开整个图景，对开始着手产品调研来说具有较强的指导意义。

4.1.2 深入拓展式调研

随着广泛铺垫式调研的开展，调研者得到了大量的信息和丰富的内容，此时调研者会发现信息量大及如何处理对他们而言是一个挑战。搜集信息是调研的第一步，处理信息是调研的第二步，如何在大量的信息中提取自己真正需要的，能够融合到自己的设计实践中并被准

确应用，这需要对信息进行分析和总结，再进行应用。如果说广泛铺垫式调研是"放"，那么深入拓展式调研是有边界的"收"，往往是"放"更容易一些，"收"就比较困难，因为要取舍，怎么"取"、怎么"舍"是本阶段的难点。随着调研的进展，调研的方向不断明确，调研的内容也越来越明确和具体，调研的方式也随之改变，由广泛铺垫式调研转变为深入拓展式调研。

4.1.3　广泛铺垫式调研与深入拓展式调研之间的转换

整个产品设计调研的变化过程有些像漏斗，如图4-7所示。

图4-7　广泛铺垫式调研与深入拓展式调研之间的转换

(1) 调研刚开始时，根据项目课题进行广泛铺垫式调研，在这个阶段要尽可能展开，以项目课题为中心进行发散式的探索，将整个项目大的背景铺展开，在这个阶段不要在意调研的内容是否能用得上，是否有意义，因为此时还不知道这些具体的情况，只能尽力去探索，将搜集的信息进行分析和归纳。

(2) 接着要深入拓展式调研，这个阶段的工作主要是对前期广泛铺垫式调研中搜集到的信息进行分析和归纳，厘清它们之间的逻辑关系，这也是慢慢整理思绪的过程。调研者的整个思维网络建立起来后，会更清晰地看见哪些方面更有研究意义，或者哪些方面具有利用价值，在这些方面就可以深入拓展式调研。深入拓展式调研是经过逻辑思维分析、信息比对、信息深入调研的程序，与广泛铺垫式调研相比更复杂，也更有难度。

(3) 后面就是广泛铺垫式调研与深入拓展式调研之间的循环往复，一直到项目结束为止，结束点是生成调研结果或设计产品。循环的次数没有限制，这与设计项目要求的时间和项目的大小相关，时间越长，项目体量越大，那么循环的次数也就越多。

案例二：调研计划

产品设计调研是一个过程，那么在调研之初是不是要对这个过程做一个计划呢？计划可以让自己的目标更加清晰，具有一定的指导意义，并且在阶段性总结和反思中可以看到实际与计划之间的差异，更好地帮助调研者看到问题、解决问题。

计划在项目之初需要制订，在项目发展的阶段内同样也需要复盘和制订，可以用版本编号来区别，如表4-1和表4-2所示。将第一版的计划与第九版的计划进行比较，可以看出有些差别。

首先，从第一版到第九版，相差五个多月，基本上是半个月更新一版计划，也就是说调研进行半个月的时候需要回顾一下之前所制订的计划，看看是否有变化，这些变化是否可以继续发展，或者需要控制一下以防止设计项目完全跑题。其次，在内容丰富性与具体性上，第九版比第一版要明显好很多，这是因为随着调研的不断进行，一开始不太明确的设计目标越来越清晰，不够具体的实践内容也越来越翔实。就像在摄影的过程中不断对焦，一开始对着物体是模糊不清的，后来经过几次对焦，物体就清晰可见了。

在调研者了解产品设计调研的过程规律和学会制订设计计划后，会对整个设计调研有准确的认知，调研结果有理有据、脉络清晰，对后面进行的具体调研方法有着重要的指导作用。

表4-1　第一版设计项目计划

姓　　名	高阳
硕士课程	消费者产品设计
日　　期	2017.11.15
版本编号	1
项目简介/概要	
由于文化的差异，不同地方的品位，美学和生活方式的需求是多种多样的。本项目尝试找到一种方法，将文化元素体现在某种产品中，成功地将本土文化介绍给非本地人。	
背景/基本原理	
历史、经济、人口、科技、文化等多个方面，影响着人们的生活方式，以及家庭的消费水平。	
主要研究领域	
家/房子：《家：文字，解释，意义和环境》《家中的空间》《解码家庭和房屋》 文化：《中国传统文化》 美学：《技术、构造艺术或实用美学的风格》	
项目预期成果	
完成一项以适当方式呈现本土文化的设计作品，它不仅具有吸引力，并且很容易理解其中的内涵。	
学生签名	

表4-2　第九版设计项目计划

姓　　名	高阳
硕士课程	消费者产品设计
日　　期	2018.4.26
版本编号	9

项目简介/概要

我最初感兴趣的领域是"家"的含义及它们所包含的对象。出于本主题的初始目的,"对象"被视为家具项目的含义,但是,随着研究的继续,可能会超出传统家具的概念。初步研究将着眼于了解家中物品的背景,并了解历史、文化、人口变化和技术对它们的影响。我希望这项研究能识别和理解与文化相关的元素和家庭设计的独特方面,以提供关于家居物品设计的新机会。在不同文化的新背景下,这些物品的设计可能运用了某个国家的文化影响因素。我希望承担一些家具或产品的设计,以创造新的文化内涵。在第二学期开始时,我希望设计一种座椅,为消费者提供一个休息的地方。这件家具不仅具有实质性的功能,并且可以抚慰人们的心灵,它应该在大量研究下完成,包括人体工程学、心理学和美学。随着设计的进度,研究设计工作变得更加细致、清晰,包括视觉研究和人们对座椅结构的需求研究。座椅家具设计将实用要求和巧妙的创意设计统一起来。此外,可以在多功能和文化内涵的两个方向上设计坐式家具,能在这两种相反的需求中探索更多的设计机会。

背景/基本原理

家对人们的意义在于安全、温暖、放松、休息。家中不仅仅有简单的家具和电器,而是呈现出家的意义和人们的期望。房屋内的物品受个人喜好和文化品位的影响。在全球经济中,文化交流是常态,这种文化价值是否被当地人所理解?国产产品有没有更深层次的文化价值?设计师是否使用正确的方式将文化应用于产品设计中?我们能否了解家庭的文化差异,这些差异能否作为设计的灵感,为生活空间带来新的功能和文化价值?在这个阶段,我更加关注"产品"本身,对项目有了更清晰的认识。家具对消费者和设计师意味着什么?我能否设计一件座椅家具,充分展现其个性,而且是消费者真正想要的。在家居的大背景下,座椅家具也有自身的语境,呈现出更多的细节需求。那么,在这个语境中,我需要能够理解人们的需求,并融合到设计项目中。在设计过程中,如何获得灵感?如何发展设计概念?我可以通过更多的设计实践了解关于设计的更多细节问题吗?

主要研究领域

家/房子:《家:词语、解释、意义和环境》《家中的空间》《解码家和房屋》
文化:《中国传统文化》
美学:《技术、构造艺术或实用美学的风格》
家具设计:《包豪斯》《国际设计年鉴:21世纪的设计》
设计研究:《设计研究绘图》《草图基础知识》
本学期的关键研究领域集中在正在生成概念的产品上,并且比之前更详细、清晰。我将继续研究上学期列出的领域,在其基础上有侧重地深入研究。

项目预期成果

我选择的两个设计方向,即多功能和文化内涵。在改进设计概念的同时,通过一系列文档记录这一过程,以提高自己的能力。通过研究掌握设计开发的全过程,向其他设计师学习;阐述我的项目概念并将其运用到设计中;深入了解文化并以适当的方式应用于产品设计中;提高渲染技能;深入项目相关的工作和设计反思。

学生签名	

4.2 产品设计调研的具体方法

4.2.1 反思日志

将平时所看到的、所经历的事情有意识地积累、分析和总结，以规范的形式记录下来，逐渐形成自己的知识结构和思想观念，为产品设计调研打好基础，这就是反思日志。调研结果的书面形式分为三种：文献综述、语境回顾和反思日志。反思日志是调研工作的基础和过程，而文献综述和语境回顾则是反思日志内容的精选、观点的集合与思考的升级，所以做好反思日志对于调研工作至关重要。

反思日志应该怎样进行呢？以下几个方面对开始写反思日志非常有帮助。

与设计实践相联系：设计实践是研究的起点，当开始自己的设计实践时，要思考你想出的问题或者自问自答地尝试去寻找答案。在研究中，用批判的角度去研究别人的作品，进而联系到自己的设计实践，从中找到自己的作品与其他人的作品之间的关系，并且要严谨地反思自己的观点，反思自己所运用的设计思想，包括设计风格、设计原理、设计方法，以及这些思想是怎样影响你的设计实践态度和发展的。

了解主题：你需要熟悉要研究的领域，如这个领域内正在进行的辩论、学术讲演，还需要探索这方面的论著和咨询一些专家。

保持批判性思维：你的研究工作应该对这个主题有所探索和揭示，同时在这个领域里贡献新的知识，因此，你不仅要想到怎样证实你的观点是对的，同时也要想到，通过你的研究(你的结论)得出与你最初的预想有可能是矛盾的。

因此，调研的开始可能关注你曾经阅读过的资料中悬而未决的问题；也可能关注你曾经遇到过与设计实践直接相关的现象和问题；也可能来自你与导师之间的讨论或者是其他实践者的工作带给你的启发。要想达到最好的效果，反思日志必须坚持下去，量变才能产生质变。反思日志可以记录在笔记本中，也可以建立博客，发布在网站上，在这个平台上人们可以对你的日记发表自己的观点，甚至可以提供更多的信息和资源。图4-8是在WordPress上发布的反思日志。

日志内容：这些是Secto Design的设计作品。Secto Design Oy是一家芬兰公司，专业从事木制灯具设计。Secto Design设计的灯罩是由芬兰桦树手工制作的，由技艺高超的工匠制作而成。建筑师Seppo Koho的设计具有清新、简洁的斯堪的纳维亚风格。木材为气氛和吸引力提供了柔和的外表。

图4-8 反思日志

这些设计非常简单，但是如果你仔细欣赏会发现，它们是迷人的，细节是值得推敲的。因为其简单的形状，显示了颜色和纹理的吸引力，并且这种吸引力非常强烈。

四盏同样形状的灯使用了四种渐变的颜色，由于颜色和形状的结合，每盏灯都有自己的特色。这些设计就像一系列有趣的研究、实验和游戏，每一条线的长度和弧度都处理得恰到好处，可以看出设计师的细腻思想。

当调研者已经确定了研究主题和进一步想要研究的设计师、作品、资料等，这时需要提出更多的问题，如果已经找到与自己设计实践相关的主题或领域，有时却很难将自己的想法转化为严谨的学术辩论。"变量"一词原来只是一个数学名词，而今被广泛运用于统计学、物理学、计算机、心理学中，是指在数量和质量上可以改变的事物。如果在产品设计调研中引入变量，可以使研究变得更有趣也更集中，帮助调研者批判性地认真思考自己的工作，选中研究的艺术家、设计师和主题范围。

下面以洛斯·拉古路夫设计的家具为例(见图4-9至图4-11)进行介绍。假设提出一个问题：人们对现代产品设计有怎样的看法？从这个层次上看，这个问题得到的回答可能是很模糊的，可获得的信息不多，因为问题本身不明确、不清楚。然而，在这个基础上引入变量可以引出一系列问题，这些问题具有现实和理论意义，例如：

(1) 在不同的使用环境下，洛斯·拉古路夫的设计作品是怎样满足人们的需求的？

(2) 当今的评论家怎样评论洛斯·拉古路夫的设计作品？

(3) 洛斯·拉古路夫的设计理念是受到哪些方面的影响而形成的？

(4) 洛斯·拉古路夫拉古路夫的设计作品对以后的设计有着怎样的影响力，对人们的生活又有哪些影响？

(5) 通过洛斯·拉古路夫的设计作品，我们是否能理解他的设计理念，是否能理解这些所产生的语境？

图4-9　家具作品1

图4-10　家具作品2

图4-11　家具作品3

以上这些例子就是从一个问题中引入变量，找到更多的角度和问题，从而帮助调研者探索潜在的研究问题。另外，文献综述可帮助调研者分析和理解关于研究主题之前的研究与现在正在进行的研究之间的关系。当调研者阅读研究主题领域内的资料文献时，需要保持严谨的批判性态度，批判性思维并不意味着要找到每篇文章或资料中的问题，而是评估这些内容是否可以运用到自己的研究中，并发展出自己的学术观点。

在前文已经介绍了文献综述和语境回顾的结构，即介绍、主体、结论。介绍的主要功能是提供研究的背景、说明研究的目标和简要叙述研究的计划，内容包括定义、表明主要想法或观点、暗示结论等。主体可以分成3~4个部分，每个部分需要仔细选择例子，使选择的设计师或艺术家发挥他们的作用，当深入研究时要不断地反思、思考并及时调整原来的研究规划。结论是集合你的论点、研究目标(回应介绍中提出的研究目标)、总结主要观点、陈述你的结论(你的发现)。

在反思日志中，应用比较多的是图片日志。图片日志是指用户通过照片或绘画等图形化的方式记录日常活动，能够以视觉化的方式记录日常生活中需要注意和观察的事物，如用户与产品、空间与系统的关系。图片日志是一种很有效的观察方法，它可以为调研者带来灵感。图片日志需要调研者身处在环境中，因此，嗅觉、触觉和听觉都是激发调研者的因素，并且图片日志的连续性和历史的记录可以成为研究分析的重要信息和证据。图片日志有助于收集、洞察他们的日常行为，可以发现平时人们发现不了的信息，如图4-12和图4-13所示。

一般来说，图片日志需要制订一个计划和主题，或是每天定时在一个时间记录，试图找到某些规律性的现象，或是同一一类型的集中记录比较，找到潜在的问题。总之，图片日志是收集资料、激发灵感、发现问题的重要方法，属于初级研究这一阶层的研究。

图4-12 观察人们喝咖啡

图4-13 观察人们用餐

4.2.2 访谈

访谈是一种获得信息的方法，通过接触相关人群进行沟通和询问，获得信息和人们的主观感受及想法。在设计调研中，访谈使调研者得到生动、直接的信息，获得一手资料。访谈包括电话访谈、计算机辅助电话调查、面访。

1. 电话访谈

随着手机使用的普及，电话访谈已经成为经常使用的访谈方式，电话访谈的时间一般需要控制在20分钟以内，以避免受访者产生厌倦情绪，所以电话访谈适合形式比较简单的访谈。电话访谈是调查员使用电话，按照已获得的号码或者用随机拨号的方式拨打电话，当电话接通后，调查员按照准备好的问题逐个向被调查者提问，同时迅速记下回答的答案。

电话访谈与其他访谈形式相比有自己的特点，最突出的就是费用低和样本覆盖面广。与面谈相比，电话访谈用时少，成本低，效率高，能够收集大量的信息。随机采集样本的方式也能使电话访谈轻易得到广泛的调查样本。然而，电话访谈也有一些缺陷，例如，如果需要展示演示物，电话访谈就不适用了，并且电话访谈的成功率不高(打电话可能没人接，或者有人接但不愿意花费时间接受电话访谈)。

2. 计算机辅助电话调查

计算机辅助电话调查(Computer Assisted Telephone Interview, CATI)是计算机与电话访谈相结合的一种调查方式，计算机代替了写字板和问卷。在计算机辅助电话调查中，每一位调查员都坐在一台计算机终端或个人计算机面前，当电话接通以后，问卷和选项立即出现在屏幕上，调查员根据屏幕上的问卷进行提问，并将被调查者的回答迅速录入计算机中。

在计算机辅助电话调查中，直接输入调查结果和数据，免除了传统电话访谈的后期处理，可节约时间。当输入数据后就可以立即得到计算机对调查结果的分析，并且调查员可以在调查进程的任何阶段进行统计分析。同样，计算机辅助电话调查也有局限性，其问卷需要技术员提前输入(而传统的问卷访谈可以随时起草)，缺乏灵活性，问卷中的开放性问题也要求调查员有熟练的打字技术。因此，计算机辅助电话调查更适合大规模的结构性采访，尤其是已找出所有可能的回答并列出这些经编码的备选答案的重复性调查。

3. 面访

面访是最早的调查方式之一，即使现在出现了更多的调查方式，面访依然不能被彻底替代。面访一般包括三种方式：入户面访、街头面访和计算机辅助面访。

1) 入户面访

入户面访调查是调查员在受访者的家中进行的访谈，在进行入户面访调查时，调查员按照问卷或调查提纲进行面对面的直接访谈。入户面访调查与其他方式的访谈相比，时间可以长一些，调查的内容相对复杂，更有利于开放式问题的询问，也适合需要展示产品或演示品的访谈。由于面对面的接触和观察，调查员可以与受访者进行眼神交流，再加上对受访者表情与动作的观察，调查员会更准确地理解受访者的意思。入户面访在受访者熟悉的环境下进行，可以放松地参与访谈，更容易使受访者深入思考问题，从而获得高质量的调查结果，然而入户面访的用时较长，费用较高，这也是我们要考虑的成本因素。

案例三： 关于平板电视的生活形态研究入户调查方案

第一部分　地区选定

地区选定以辽宁为例，根据官方给出的2013年辽宁省各市人均GDP排名，大连、盘锦、沈阳以18 465.69 美元、15 775.55 美元和14 389.24 美元，分列省内前三，经济收入是影响居民消费的先决条件，因此选定大连、盘锦和沈阳三个城市作为重点研究区域。

第二部分　专家意见

从社会学研究、商场销售、家装设计、产品体验四个方面入手，分别选定辽宁大学社会学教授、沈阳国美电器销售经理、盘锦家装公司经理兼首席设计师、沈阳嘉兰图产品体验设计师，给出各领域的专业性意见和建议，有利于确定调研方向。

第三部分　用户选择

以家庭周期理论为指导，选定不同家庭周期阶段的用户，兼顾不同职业和地区。

从家庭周期阶段区分：新婚期1例，借以表达中国婚礼习俗；满巢期(1)拟定2例；满巢期(2)拟定3例；满巢期(3)拟定4例；空巢期拟定2例。

中国家庭购买电视机的时间点：1.新婚购置家电。2.改善居住环境。

职业包括画家、金店老板、公务员、设计师、大学教师、装修公司经理、白领。

按照地区区分：大连2例，盘锦3例，沈阳7例。

第四部分　问卷设计

生活形态调研以入户调研为主，以商场访谈和街头采访为辅。

问卷设计以入户调研为例。

4-1 家庭成员信息，包括家庭成员的关系、年龄、职业、收入(区分个人和总收入)、受教育程度等。

4-2 户型调研，包括各房间面积(研究户型对电视机摆放位置的影响)。

4-3 电视机及周边，包括电视机的布置方式、周边装饰、家具和产品等。

4-4 家居陈设，带有典型传统文化特征的物件。

4-5 衣食住行，典型反映主人身份、性格、习惯特征的穿着、配饰、交通工具等。

4-6 问卷内容。

4-6-1 生活习惯和兴趣爱好，包括时间安排(区分工作时间、周末、假期，特别备注春节等重要节日)和开销比例(每月固定开销比例，额外开销分配比例)。

4-6-2 家庭及社会关系(家庭成员情感权重、问题解决、社会联络方式和频率)。

4-6-3 家中有哪些数码类产品(和电视机可以产生联系的，如数码相机、手机、Pad、笔记本电脑、X-BOX等，是否对一些用电视机播放手机或笔记本电脑内的电影、游戏、音乐有兴趣)。加入电视开机频率：每天观看多久，收看电视的时间多为哪个时段？

4-6-4 对电视的态度(品牌、购买及使用时间、频率、主要购买及使用者、使用模式和抱怨、第二台电视机)。

第五部分　实施方案

"4-1 家庭成员信息"直接记录，不设定在问卷内容中；"4-2 户型调研"结合网络信息和实地信息记录；"4-3 电视机及周边、4-4 家居陈设、4-5 衣食住行"通过拍照方式记录。

案例四：问卷设计正文

尊敬的受访者：

您好！

感谢您在百忙之中抽出宝贵的时间参与我们的中国家庭生活形态研究。您的意见将有可能影响到中国家庭的和睦关系，并对中国家庭娱乐方式产生积极而深远的影响。因此，您的意见对我们来说至关重要。

同时我们郑重承诺，将对您的信息保密，并不涉及隐私。另外，我们的研究内容应用于学术，不涉及任何商业性质。请您放心填写，并提供准确信息。

感谢您的支持和帮助！

1.您最近一周的时间安排是怎样的？

回答：上学，复习考试。

2.您上个月的花销主要集中在哪方面？

回答：食品。

3. 您五一和端午节是怎么安排的？

回答：在家复习考试。

4. 您家过年期间都在哪里？怎么度过？

回答：在家，天津，和家人团聚，吃饭。

5. 您家小孩或老人和谁关系最亲？

回答：妈妈。

6. 夫妻或婆媳矛盾一般怎么解决？

回答：本人未婚。

7. 列举您最近一周联系的人和联系方式。

回答：同学，家人，微信，QQ。

8. 您一般通过何种渠道获取产品信息？

回答：网络。

9. 最近 2 年有购买电视机的打算吗？

回答：没有。

10. 您家在购买时谁说了算？

回答：我。

11. 在购买电视机时注重外观、功能还是品牌？为什么？

回答：重视清晰度，看电视主要就看清晰度。

12. 您家电视机平时都是谁在看？一般都什么时间？常用哪些功能？

回答：爸爸，晚上，看有线电视，没有了，别的功能太复杂，玩儿不转。

13. 现在的电视机有什么不好的地方？

回答：无。

14. 您家有多台电视机吗？什么情况下购买的？

回答：有 2 台。装修的时候就是想到要在主卧也放一个，其实也很少用。

15. 您关注过×××品牌的电视产品吗？怎么评价？

回答：很久没有购买电视机的计划，没有关注。

感谢您的如实回答！
祝您家庭美满，生活幸福！

2) 街头面访

街头面访调查一般在超市、商贸中心、广场、车站等地段展开。在调查过程中，调查员按照规定的程序和要求选取被调查者，征得其同意后，在现场或者附近的访谈室展开访谈。街头面访分为流动街访和定点街访。流动街访是调查员在事先选定的地点选择合适的对象，完成简短的问卷，常用于需要快速完成的小样本探索性研究。而定点街访是在事先选定的场所内，租借好访问专用的房间或厅堂。在此地附近，按一定的程序和要求，随机选择访问对象，征得其同意后，带到专用的房间或厅堂内完成面访，常用于需要进行实物演示或要求有现场控制的探索性研究，或需要进行实验的因果关系研究。

街头面访的对象是街上行走的人群,在不同场合可以面访到不同的人群,例如,在车站是面访通勤人员,在商场更多的是女性,而在游乐场更多的是家庭。街头面访的时间一般控制在5分钟左右,因为在街头人们往往不愿意抽出更多的时间做长时间的访问,而且室外的面访更容易受到天气的影响,光线差或下雨都会使街头面访难以进行。街头面访的费用比电话访谈和入户面访要低,频率相对也高,但街头面访所调研的对象并不全面,如全职人员和不愿意逛街的人就很难采访到,因此,街头面访在样本代表性、回答率上不如入户面访调查,并且由于街头的访谈环境不像入户访谈的环境舒适,被调查者可能会表现出不安、急躁的情绪。

3) 计算机辅助面访

计算机辅助面访(Computer Assisted Personal Interviewing, CAPI)是计算机与入户面访和街头面访相结合的一种调查方法,是经过培训的调查员配备笔记本电脑向被调查者进行面访调查。在计算机辅助面访调查中,调查问卷事先存储在计算机内,调查员根据屏幕上提示的问题顺序和指导语逐项提问,并及时将被调查者的回答通过键盘、鼠标或专用电脑笔输入计算机。计算机辅助面访调查与计算机辅助电话调查一样,都是将现代技术运用到传统的调查研究中。

4.2.3 问卷调查

问卷调查是在设计调研中经常用到的一种方法,调查者可以通过设计问卷对人群进行调查,得到相关的信息和数据,以前期收集信息,后期分析数据。问卷调查是设计师有利的研究手段,要了解问卷调查的特点、结构、种类、一般程序、应注意问题、优点及缺点,要学习问卷调查及设计的相关知识,使设计调查更有效地为设计调研服务。按照问卷填答者不同,可分为自填式问卷调查和代填式问卷调查。在自填式问卷调查中,按照问卷传递方式不同,可分为报纸问卷调查、邮政问卷调查和送发问卷调查;在代填式问卷调查中,按照与被调查者交谈方式不同,可分为访问问卷调查和电话问卷调查。

问卷是问卷调查中收集资料的工具。问卷的设计,在很大程度上决定着问卷调查的回答质量、回复率、有效率,以至整个调查工作的成败。因此,科学设计问卷,在问卷调查中具有关键性意义。问卷调查的一般程序是:设计调查问卷,选择调查对象,分发问卷或开展调查,回收问卷,审查问卷。然后,再审核、整理回收的问卷并进行分析和研究。

1. 调查问卷的一般结构

问卷要有一个醒目的标题,能让被调查者快速明白调查的意图。调查问卷的结构一般包括三个部分:前言、正文和结束语。

1) 前言(说明语)

首先是问候语,要向被调查对象简要说明调查的宗旨、目的和回答问题的要求等内容,引起被调查者的兴趣,同时消除他们回答问题的顾虑,并请求当事人予以协助(如果是留滞调查,还应注明收回的时间)。例如,"您好,谢谢您参加我们的调查!本次调查只需要占用您两分钟的时间。对于您能在百忙之中填写此问卷再次表示感谢!"

2) 正文

正文是问卷的主体部分,主要是调查项目、调查者信息。

调查项目，是调查问卷的核心内容，是组织单位将所要调查了解的内容，具体转化为一些问题和备选答案。

调查者信息，是用来证明调查作业的执行、完成和调查人员的责任等情况，并方便日后进行复查和修正，一般包括调查者姓名、电话，调查时间、地点，被调查者当时的合作情况等。

3) 结束语

在调查问卷最后，简短地向被调查者强调本次调查活动的重要性并再次表达谢意。例如，"为了保证调查结果的准确性，请您如实回答所有问题。您的回答对于我们得出正确的结论很重要，希望能得到您的配合和支持，谢谢！"

2. 问卷设计

问卷设计的好坏是关系到调查活动能否成功的关键因素，它对调查问卷的有效性、真实性等起着至关重要的作用。

1) 明确调研目的与内容

在设计问卷时，首先要确定调研目的、数据分析方法等因素，再确定问题类型。在问卷设计中，最重要的一点就是必须明确调查目的和内容。为什么要调查？对哪些对象进行调查？需要了解什么内容？不同的调研目的，所设计的问题也不同，要明确调研的目的，每一道题目都要认真考虑是否与调研有密切的关系，尽量精简，因为冗长的问卷会使人厌烦，对于后面的问题就不会充分考虑了。所以，要确定主题和调查范围。根据调查的目的要求，研究调查内容、调查范围等，酝酿问卷的整体构思，将所需要的资料一一列出，分析哪些是主要资料，哪些是次要资料，淘汰哪些不需要的资料，再分析哪些资料需要通过问卷取得、需要向谁调查，确定调查地点、时间及调查对象。另外，要分析样本特征，即分析了解各类被调查对象的基本情况，以便针对其特征准备问卷。

2) 问卷项目设计

问卷调查可根据不同的方式进行分类，如分为电话采访、面访和自填式问卷，其需要三种不同形式的问卷，分别为结构式、半结构式和非结构式。结构式问卷适用于大型的定量研究，由封闭式或提示性问题组成；半结构式问卷适用于定性的消费者研究和B2B研究，由封闭式和开放式问题共同组成；非结构式问卷适用于定性研究，由自有限定范围的问题组成，使受访者有自己的方式表达他们的想法。

问卷的题目一般根据其目的来分类，问卷的目的是收集三种不同类型的信息：关于行为的信息、关于态度的信息和用于分类目的的信息。行为的信息是寻求关于受访者做什么、拥有什么、某种行为的频率等信息；态度的信息是关于受访者对某种事物的看法、印象、分级和做事的原因；用于分类目的的信息是将受访者分组来发现他们之间的差异，如性别、年龄、职业、家庭结构、社会阶层、家庭所在地等信息。

那么，不同类型题目的问卷是怎样设计的呢？

(1) 两项选择题由被调查者在两个固定答案中选择一个，适用于"是"与"否"等互相排斥的二择一式问题。

两项选择题容易发问，也容易回答，便于分类与分析调查结果，被调查人能表达出意见的深度和广度，因此一般用于询问一些比较简单的问题。两项选择必须是客观存在的，不能由设计者凭空臆造，需要注意其答案属于非 A 即 B 型，否则在分析研究时会导致主观偏差。

(2) 单项或多项选择题是对一个问题预先列出若干个答案，让被调查者从中选择一个或多个答案。

这类题型问题明确，可以了解被调查者的相关资料，以便对被调查者进行分类，包括被调查者的年龄、职业、受教育程度等。这些内容可以了解不同年龄阶段、不同文化程度的个体对待被调查事物的态度差异，在调查分析时能提供重要的参考作用，甚至能针对不同群体写出多篇有针对性的调查报告。但由于被调查者的意见并不一定包含在拟定的答案中，因此有可能没有反映其真实意思。对于这类问题，我们可以采用添加一个灵活选项，如"其他"来避免。

(3) 程度性问题是指当涉及被调查者的态度、意见等有关心理活动方面的问题，通常用表示程度的选项加以判断和测定。但对于这类问题的选项，不同的被调查者有可能对其程度理解不一致。因此，有时可以采用评分的方式来衡量或在题目中进行一定的说明。

(4) 开放式问题可以自由地用自己的语言来回答和解释有关想法，即问卷题目没有可选择的答案，所提出的问题由被调查者自由回答，不加任何限制。使用开放式问题，被调查者能够充分发表自己的意见，活跃调查气氛，尤其是可以收集到一些设计者事先估计不到的资料和建议性的意见。但在分析整理资料时，由于被调查者的观点比较分散，有可能难以得出有规律性的信息，并导致调查者的主观意识参与，使调查结果出现主观偏见。

3) 设计问题项目的原则

设计问题项目除需要根据调查目的选择合适的题型外，还需要遵循以下几个原则。

① 必要性原则

为避免被调查者在答题时出现疲劳和厌烦情绪，随意作答或不愿合作，问卷篇幅尽可能短小精悍，问题不要过多，题目量最好限定在20~30个(控制在20分钟内答完)，每个问题都必须和调研目标紧密联系，并且考虑题目之间是否存在同语重复、相互矛盾等问题。问卷上所列问题应该都是必要的，可要可不要的问题不要放入。

② 准确性原则

问卷用词要清楚明了，表达要简洁易懂，一般使用日常用语，避免使用被调查者有可能不熟悉的俗语、缩写或专业术语。当涉及被调查者不太了解的专业术语时，需对其做出阐释。

问题要提得清楚、明确、具体。语意表达要准确，不能模棱两可，不要转弯抹角，避免用"一般""大约"或"经常"等模糊性词语，否则容易使人误解，影响调查结果。例如，你多久去一次附近的市场买东西？备选答案是"一周一次"或"一周三次"要比"一般"和"经常"准确得多。

一个问题只能有一个问题点。一个问题如果有若干问题点，不仅使被访者难以作答，其结果的统计也很不方便。例如，"你为什么选择使用Kindle读书而不读纸质书？"这个问题包含了"你为什么选择使用Kindle读书？""你为什么不读纸质书？"和"什么原因使你改用Kindle读书？"防止出现这类问题的最好方法，就是分离语句，使一句话只问一个要点。

③ 客观性原则

避免用引导性问题或带有暗示性或倾向性的问题。调查问句要保持客观性，提问不能有任何暗示，措辞要恰当，避免有引导性的话语。

这类问题会带来两种后果：一是被访者会不假思索地同意引导问题中暗示的结论；二是使被访者产生反感。既然大多数人都这样认为，那么调研还有什么意义？或是拒答或是给予相反的答案，如"普遍认为""权威机构或人士认为"等。例如，"对于某产品的使用体验你怎样评价？"备选答案是"极好""很好""较好""还可以"，这样会导致受访者没有机会表示差或是很差。

④ 可行性原则

在调查问题中，可能会涉及一些令人尴尬的、隐私性的或有损自我形象的问题，对于这类问题，被调查者在回答时有可能不愿做出真实的回答。因此设计提问时，要考虑到被调查者的自尊，可将这类敏感性的题目设计成间接问句，或采用第三人称方式提问，或说明这种行为或态度是很大众化的，以减轻被调查者的心理压力。例如，"你的年收入是多少？"可能导致被调查者难以回答，而影响调查结果的真实性，如改为"你们这一年龄或职称的老师年收入是多少？"会更好些。

另外，所问问题应是被调查者所了解的，不应是他们不了解或难以回答的问题。使人感到困惑的问题会让你得到的是"我不知道"的答案。在调查时，不要对任何答案做出负面反应。如果答案使你不高兴，不要显露出来。如果别人回答从未听说过你的产品，那么说明他们一定没听说过。这正是你为什么要做调查的原因。

4) 调查问卷设计的注意事项

调查问卷需要精心设计，目的是使受访者更顺利、更容易地接受并充分思考问题，因此在设计中需要注意以下事项。

(1) 调查问卷必须方便数据统计分析，其结果能回答调查者想了解的问题，确定可以进行分析的分类，并且可以用计算机进行统计。

(2) 要注意问题的逻辑顺序，可以将问题按时间顺序、类别顺序进行列框，由一般至特殊，循序渐进，逐步启发受访者，使受访者一目了然，符合被调查者的思维程序与思路，在填写问卷的时候自然就会愉快地配合并对问卷调查主题已熟悉且充分思考。

(3) 还要注意问题之间内在的逻辑性和分析性。问题与问题之间要具有逻辑性、连贯性、条理性、程序性，所提的问题最好是按类别进行"模块化"。问题设置紧密相关，问题集中、有整体感、提问有章法。如同样性质的问题应集中在一起，以利于被访者统一思考，否则容易引起思考的混乱。被调查对象就能够获得比较完整的，而不是发散的、随意性的、不严谨的信息。

(4) 在安排上应先易后难，从一个引起被调查者兴趣的问题开始，再问一般性的问题、需要思考的问题，而将敏感性问题放在最后(将比较难回答的问题和涉及被调查者个人隐私的问题放在最后)；容易回答的问题放在前面，较难回答的问题放在后面。在半开放式问卷中，封闭式问题放在前面，开放式问题放在后面，这样可以使受访者慢慢进入问卷主题，充分思考后表达自己的想法。

(5) 在展开大型调查活动前，最好预先在小范围内进行测试，其目的主要是发现问卷中存在歧义、不准确、解释不明确的地方，并且寻找封闭式问题额外选项，以及了解被调查者对调查问卷的反应情况，从而对调查问卷进行修改完善，再展开大型的调查活动，以保证问卷调查活动的目的顺利实现。

3. 问卷调查常用的几种形式

问卷调查时，调查的内容需要一定的载体去呈现，不同的问卷调查通过不同的方法和媒介使受访者接受调查，以下是常用的几种问卷调查形式。

1) 受访问卷调查

受访问卷调查是访谈与问卷的结合，在面访、电话访谈、入户访谈、街头访谈中，调查员运用事先设计的问卷，逐一对受访者进行提问。

2) 普通邮寄调查

将问卷通过邮局寄给选定的被调查者，并要求他们按规定的要求和时间填写问卷，然后寄回调查机构。普通邮寄调查的程序是：根据研究目的确定被调查者人群，与他们进行沟通以保证调查可以顺利进行，然后寄出问卷，在调查的过程中也与被调查者保持联系，使问卷真正达到调查的目的，并要求在规定的时间内收回问卷，收到问卷后对其进行统计与分析。

普通邮寄调查已规定受调查者，所以这种调查范围小，花销较大，但由于与被调查者充分地沟通，得到的问卷成功率也较高。

3) 固定样本邮寄调查

固定样本邮寄调查是根据调查目的抽取一个样本，征求这个样本调查者的同意后向被调查者定期邮寄问卷，要求被调查者按问卷要求填写并寄回调查机构。这种问卷调查有样本老化的问题，如果不定期更换被调查者，被调查者很可能已经不在原来设定的样本里了，那么调查的结果也就不准确，因此，固定样本调查需要定期地更换被调查者。固定样本邮寄调查一般用于电视收视率、广播收听率、报纸阅读率、家庭消费调查(家计调查)或其他商业性的定期调查。

4) 留置问卷调查

留置问卷调查是调查员按面访的方式找到被调查者，说明调查目的和填写要求后，将问卷留置在被调查者处，约定一段时间后再来取回填好的问卷，它是介于邮寄调查和面访之间的一种调查方法。由于留置问卷调查是调查员留置在被调查者处，因此匿名保密性强，并且调查员自取问卷也大大提高了问卷回收率。

5) 网络调查

网络调查是利用网络收集原始信息的实施方法，分为三种方式：一是在线问卷调查，在网页上呈现问卷，对网页访问者进行调查；二是电子邮件问卷调查，以较为完整的E-mail地址清单作为样本框，使用随机抽样的方法发放E-mail问卷，然后再对被调查者使用电子邮件催请回答；三是新闻组讨论调查，利用新闻组与客户或潜在客户进行交流和讨论以获得信息的调查方式。

其中，可以依靠一些在线调查问卷网站，这些网站提供设计问卷、发放问卷、分析结果等一系列服务。这种方式的优点是无地域限制，成本相对低廉，缺点是答卷质量无法保证。常用的有问卷网、问卷星、调查派等。

网络调查是目前经常使用的调查方法，成本低、样本采集范围广、时效性好，能成功在短时间内得到大量的问卷答案，并且交互性好，能够实现多样化的问卷设计。但同时也有局限性，网络调查是对访问网页者的调查，因此调查对象是不加以限定的，采集样本的人群代表性差，并且问卷的长度也受到网页的限制，网络的安全性也是要考虑的问题。

使用网络调查需要注意以下事项：

(1) 在网络调查问卷中可以附加多媒体资料。例如，可以添加图形或图像资料，便于被调查者正确地理解含义。

(2) 问卷中的问题数量要少而精。

(3) 问卷中的问题为选择性的问题。被访者大多是通过单击鼠标或者触屏进行选择。

(4) 注意隐私的保护。所有身份信息等都较为敏感，数据库最好都加密。

以上这几种方法属于自填问卷式调查。自填问卷式调查与访谈法相比，保密性强、调查区域广、费用较低、无调查员误差、效率高，它突破时空限制，在广大范围内，对众多调查对象同时进行调查，因此比较常用。但自填问卷式调查也有缺点，如问卷回收率低、问卷的质量难以控制，由于是要求被调查者自行填写问卷，因此对被调查者的文化水平有一定的要求，并且它只能获得书面的信息，而不能了解到被调查者生动、具体的想法。

案例五：电视机市场调查问卷

姓名：

性别：□男　　□女

年龄：□22岁以下　□22~30岁　□31~40岁　□41~50岁　□51~60岁　□60岁以上

职业：□职员　□工人　□农民　□教师　□公务员　□学生

住址：

电话：

第一部分：您家现在的电视机情况：

一、您家有几台电视机？
□0　　□1　　□2　　□3　　□更多

二、如有，请问：

1. 是什么品牌的电视机？
　　□索尼　□夏普　□松下　□东芝　□三洋　□日立　□TCL　□创维　□康佳
　　□长虹　□海信　□三星　□LG　□海尔　□其他

2. 是什么规格的电视机？
　　□9英寸以下　□32英寸　□42英寸　□47英寸　□50英寸　□50英寸以上　□其他

3. 购买了有多长时间？
　　□刚买　□半年　□一两年　□3~5年　□6~10年　□10年以上

4. 当时购买出于什么目的？
　　□新婚家电　□生活品质提升　□乔迁新居　□旧电视机无法满足需求
　　□旧电视机损坏无法修复

5. 您对您的电视机哪些方面最满意?
　　□品牌　□样式美观　□屏幕效果　□耗电最少　□音质纯正　□其他
6. 您最不满意的是哪些方面?
　　□品牌不够知名　□样式不美观、不大方　□图像不够清晰　□品质没有保障
　　□有杂音　□其他
7. 维修方便吗? (6~7这部分内容有必要吗? 和设计有关吗?)
　　□很方便　□不太方便　□很不方便
8. 容易买到零配件吗?
　　□很好买　□不太好买　□很难买

第二部分：您近一两年是否想购买电视机?
　　□是　□否

一、您在购买电视机时,是否考虑电视机的品牌?
　　□是　□否

二、您知道的电视机品牌有哪些?
　　A.索尼　B.夏普　C.松下　D.东芝　E.飞利浦　F.日立　G.TCL H.创维
　　I.康佳　J.长虹　K.海信　L.三星　M.LG N.海尔　O.其他_____

三、如果要购买电视机,请问您首先想到哪些品牌呢?(最多选三个)
　　1._____　原因是：_____
　　2._____　原因是：_____
　　3._____　原因是：_____

四、您购买平板电视机会选择什么样的尺寸?
　　□32英寸以下　□32英寸　□37~39英寸　□40~43英寸　□46~48英寸
　　□50~52英寸　□55~58英寸　□60英寸及以上

五、您如果想买一台电视机的话会考虑哪些因素?
　　□品牌效益　□价格经济实惠,性价比高　□外观造型要漂亮　□质量要有保证
　　□售后服务到位　□屏幕尺寸　□边框宽窄(画质清晰度,智能)

六、您会购置什么价位的平板电视机?
　　□0~1 000元　□1 000~2 000元　□2 000~4 000元　□4 000~6 000元　□6 000~8 000元
　　□8 000~10 000元　□10 000元以上

七、您认为电视机的厚度是多少?
　　□10mm以下　□10~50mm　□51~100mm　□100mm以上

八、您觉得平板电视机具备哪些特点?
　　□造型时尚气派,具有时代感　□新技术,科技含量高　□颜色新颖漂亮,具有独特性
　　□耗电少,更加省电　□品牌好,对产品有信心　□网络电视

九、您平时用电视机都进行哪几项娱乐活动?
　　□观看有线电视　□看DVD影院　□接入PC看高清电视　□连接高清游戏机　□其他

十、如果为您的电视机增加功能您希望是以下哪项?
　　□游戏机功能　□投影功能　□语音控制　□手势控制　□可以上传照片和视频　□智能功能升级　□视频可切换为3D　□可触屏　□视疲劳提醒功能　□社交功能　□影院级音响效果

十一、您对市售的电视机不满意的地方有哪些?

十二、您认为未来的平板电视机发展趋势是怎样的?
　　□高清网络电视
　　□用户体验模式
　　□体感互动模式
　　□智能家电模式

十三、您家电视背景墙的风格是什么样的?
　　□中式风格　□现代简约风格　□欧式奢华风格　□欧式田园风格　□欧式简约风格

十四、您家电视机是悬挂在墙上还是立在电视柜上?
　　□悬挂在墙上　□立在电视柜上　□其他

十五、您家里谁最爱看电视?
　　□妈妈　□爸爸　□孩子　□姥姥　□姥爷　□奶奶　□爷爷

十六、您是几口之家?
　　□两口　□三口　□四口　□五口及五口以上

十七、请您写出您家庭成员都有谁?

十八、您最喜欢收看电视的方式有哪些?
　　□躺在沙发上看　□躺在床上看　□坐在椅子上看　□坐在地上看　□进餐时看　□其他

4.2.4　焦点小组

　　焦点小组是由一个有经验的主持人通过一种看似漫不经心的交谈方式与6~8名被调查者进行的访谈活动。调研的现场通常由第一现场和一个观察室组成。主持人负责组织讨论,他可以引出一个话题,让成员展开自由讨论,并且适当地对话题进行控制,在合理的范围内激发座谈会成员的深度参与,同时也可以采用引导提问等不同方式采集信息。小组座谈会的主要目的是通过倾听被调查者对某一特定事物的看法去获取对一些相关问题的深入了解。

　　焦点小组是了解用户需求和看法的一项有效的定性调研方法,通常小组成员控制在6~8名,调研时间以1~2个小时为宜,要时刻关注被调研者的言行举止,根据实际情况安排休息或酬劳。在产品研发过程中被广泛应用于用户需求定位、产品功能挖掘、产品造型设计和用户反馈信息收集中。焦点小组的组织是一项比较细致的工作,一个看似轻松的交谈过程其实需要综合考虑诸多可能影响调研结果的因素,如用户的选取、过程设计及主持技巧等。将调查对象集合到一起进行深度访谈,具有以下优点。

　　(1) 短时间就能实现:与多个个人访谈相比,能够在短时间内获得大量的信息。调查费用也比一般的问卷调查要少。

(2) 调查对象的相互作用：由于被调查者相互影响，可以扩大对话的范围，深挖话题的内容，是一种能从泛泛的提问中获得具体而详细的回答、适合于演绎假说的调查手法。

(3) 可以观察态度和反应：看、听调查对象的反应，因为他人的影响而发生态度变化的过程等，都能在现场直接观察到。

(4) 可以得到脑子里的闪念和直觉：可以从无意间的对话中获得意想不到的信息，随着对话的发展，构思越来越丰富。

(5) 容易控制调查对象：例如，将年龄相仿的女性置于相同特征的群体中，可以产生一种安全感，不易出现随便发言、拒绝回答和中途退场的情况。

(6) 调查对象与调查的委托方接触：小组座谈会若在互联网上实施，时间和场所的限制就没有了，调查费用也节省了，但存在不能观察其反应和态度、不能控制发言、必须花心思来确认调查对象的特征等缺点。

4.2.5 观察法

观察法是指通过观察获得信息的调查方法，不需要向谁提出问题。观察法与之前的访谈调查的不同之处是，观察法主要关注用户的行为本身，并不能知道其动机和原因，如图4-14所示。但是行为本身有时候更能说明问题，它是用户对产品最真实的反映。观察法与访谈法可以相互作为参考，以此判断调研的准确性。

图4-14 观察法

使用观察法进行的观察调查包括定量观察调查和定性观察调查两种。而产品设计开发过程中的设计调查更加倾向于定性观察，因为它可以深入客户群体，了解其真实的使用过程。观察者可以以公开或不公开身份的方式进行观察。不公开身份的观察显然能使观察的准确性有更好的保证，这虽然有悖于传统伦理，但是其观察效果是有目共睹的。

使用观察法收集信息需具备的条件如下：所需信息必须能观察到，或者能从观察到的行为中推断出来；所要观察的行为必须具有重复性或者在某些方面具有可预测性；所要观察的行为必须在相对短的时间内完成。

常见的观察方法有：核对清单法、级别量表法、记叙性描述。观察时一般利用眼睛、耳朵等感觉器官去感知观察对象。由于人的感觉器官具有一定的局限性，观察者往往要借助各种现代化的仪器和手段如照相机、录音机、显微录像机等来辅助观察。

4.2.6 民族志

民族志(Ethnography)属于解释性的研究方法。其中，Ethno指"一个民族""一群人"或"一个文化群体"；而Graphy指"绘图、画像"，因此，Ethnography可译为"人类画像"，并且是同一族群人的画像。所以，民族志研究是在描述一个种族或一个团体中人的生活方式，并解析其与文化中的人、事、时、地、物各因素的交互影响过程。调研者需要"长时间参与"或以"一对一的访谈"方式收集数据，重视他们原本的真面目，叙述他们如何行动、如何相互作用、如何建构意义、如何加以诠释等问题。研究的目的在于发现他们的信念、价值、观点和动机等，而且要从团体中的成员观点，来了解这些信念和价值如何发展和改变。

早在20世纪初，里弗斯对民族志的初步论述已经有了一定的思考，他说："强化的研究工作，必须对研究的规模有所限定，还必须使研究深化。其典型的做法是让人类学者在某个社区或400~500人的社群中生活一年以上，同时研究他们的生活和文化等所有方面。在此社区或社群中，调研者能够对当地的所有人有所认识，能够研究当地生活习俗具体的体察，能够用当地话来进行调查，而超越一般的印象。"

因此，民族志研究与其他研究不同的是重视结构的动态过程的整体分析，是一种调研者与被调研者间的互动性研究，调研者需要实地参与、观察、记录、描述，这有助于了解社会过程的内容及形式。所以有学者认为，综合而言，民族志研究是一项产品，也是一个过程。就产品而言，它是研究的产物；就过程而言，它是在团体中长期的观察，经调研者日复一日地观察人们的生活或与团体成员进行一对一的访谈，研究行为的意图和文化共享团体的互动关系。

民族志研究主要包含以下几方面的内容：①描述具有高层次的细节；②非正式的叙说故事，像一个说书者；③探究角色的文化事件及团体中的行为；④描述每一个人的日常生活；⑤整体的格式是描述的、分析的和解释的；⑥文章中包含问题。

民族志研究作为过程来说是分阶段进行的。多娜尔·卡堡和萨莉·海斯廷斯将民族志研究归纳为四个阶段：第一阶段是确立研究主题及其基本取向。在此，调研者要评估自己对于文化及其表现形式所做的假设；第二阶段是确定观察的行为的层次和种类；第三阶段是调研者应对其所研究的具体文化现象进行理论化；第四阶段是调研者回头再看看他所运用的整体性的理论框架，用具体的个案来检验。民族志方法研究资料收集的途径相当丰富。常用的方法有参与观察、无结构性的访问和文件分析等，文件包括会议记录、课表、日记、书信等；其他可用照片、视频，以记录参与者的语言、交谈、行动和姿态等，如图4-15至图4-17所示。因此，民族志方法的数据来源包括说、问、视、听、感觉方面的，以收集一般被认为是"主观的""印象的""逸事记录"的数据。马凌诺斯基曾主张民族志的调查必须包容三大类的素材:第一类素材是有关制度和风俗的整貌概观,他通过所谓的"具体证据的统计法"加以研究。研究这一类素材的目的,在于建构一系列的图表,用于使调研者更方便地进入社会中与习俗有关的活动;第二类素材是第一类资料的补充,因为第一类资料局限于对人们认识中的制度、风俗与活动;第三类素材是一系列的民族志说明,以及对被研究社区人们的叙说风格、典型的口语表述、民俗等的说明。马凌诺斯基将这一类东西当作对被研究的"土著"的思维方式的描述,他强调,这三方面素材的收集,有助于证明文化对活动的影响和个人对规则的操纵,以及这两个不可分割的方面在被调研者思维中的位置。

图4-15 民族志摄影作品

图4-16 民族志研究

图4-17 民族志博物馆

民族志方法，从某种意义上说是一种质化研究，具有质化研究的许多特征，如详细地记录人、地、物或谈话的内容，而不以统计程序来处理数据。研究的主题不是操作变量、验证假设或回答问题，而在于探讨问题在脉络中的复杂性。从研究对象本身的架构来了解行为，外在的因素是次要的，调研者多用参与观察、深度访问等方法，先进入研究对象的世界，系统地记录所看到的、所听到的，然后加以分析，并以其他的数据如学校的记事、记录、校刊、照片等来补充，在研究方法上是相当有弹性的。因此，民族志研究对于产品设计调研有着深层次的意义，使调研者探索深层的含义和问题，产品设计的含义更丰富。

4.2.7 角色模型

当设计师要设计一款产品的目的是满足广大用户群时，逻辑上是产品功能尽可能广泛，以容纳更多的用户，然而这种逻辑是有问题的，成功的设计应该是为特定需求的特定设计，因为要满足所有的需求是不可能实现的。

用户角色模型是指针对目标群体真实特征的勾勒，是真实用户的综合原型。调研者对产品使用者的目标、行为、观点等进行研究。需要总结归类，了解用户的目标、观点和行为，发现用户间的差异和共同点，将这些要素抽象综合成为一组对典型产品使用者的描述，以辅助产品的决策和设计。创建角色模型是通过分析真正了解用户及用户的世界，使用户生动形象，印象深刻地呈现在调研者面前。

角色模型不是一个人，它是融合了相近同类用户需求的一个代表，是一大类需求相近的用户代表，承载了一类用户体现出的共有特征。调研者要分不同的用户模型，必须在目标上有着巨大差异，目标雷同的都应该归为一类，因为产品应该为不同的模型进行不同的设计。

1. 创建角色模型的原因

1) 专注资源的利用

成功的产品设计通常只针对特定的群体。因此在建立角色模型后，才能确定所要针对的人群，团队和企业的资源是有限的，有针对性的设计是保证产品设计成功的一个重要因素。当然，不同的设计需求点不同，划分用户要按照实际情况来进行。

2) 深入体会用户的生活

建立用户角色模型的过程中必须对该用户群有深入的了解，感同身受地体会用户的生活和用户的心理，真正理解他们的需求。

3) 促成团队共同的目标

建立角色模型使团队更容易明确设计的目标，即使每个人的想法和个性各不相同，但相同的目标使团队中的每一位成员共同为一个目标而努力。

4) 提高工作效率

建立角色模型使调研者在产品设计开发前就对产品需求进行分析与预期，了解人们真正的需求，前期完整深入的研究可以使后期的产品设计规避一些可能存在的风险。

5) 使设计方向更具指向性

与传统的市场细分不同，用户角色关注的是用户的目标、行为和观点。因此，角色模型更容易定位设计方向，激发设计创意的产生。

用户角色包含一些个人基本信息，如家庭、工作、生活环境描述，与产品使用相关的具体情境，用户目标或产品使用行为描述等。一般有3~5个用户模型，如果太多则说明产品功能过多，需要简化。

2. 建立角色模型需要注意的三个问题

1) 用户角色与用户细分的区别

用户细分是产品设计调研中常用的方法，通常基于人口统计特征(如性别、年龄、职业、收入)和消费心理，分析消费者购买产品的行为。与用户细分不同，用户角色更加关注的是用户如何看待、使用产品，如何与产品互动，这是一个动态的过程。在这里，人口属性特征并不是影响用户行为的主要因素，而人物角色关注的是用户的目标、行为和观点，以此能够更好地解读用户需求，以及不同用户群体的差异。

2) 用户角色不以平均比例来划分

用户角色并不是以平均比例来划分的，而是"典型用户"。创建人物角色的目的，并不是为了得到一组能精确代表多少比例用户的定性数据，而是通过关注、研究用户的目标与行为模式，帮助调研者识别、聚焦于目标用户群。

3) 用户角色代表的是一群用户

用户角色实际上并不存在，一个新的设计也不可能为一个人而设计，而是透过用户角色的形式为这一类人而设计。所以，用户角色研究的重点是一群用户，他们需要什么、想做什么，通过描述他们的目标和行为特点，帮助调研者分析需求和有目的性地设计产品。

3. 用户角色类型

通过建立多个用户角色，调研者会发现不同用户的区别。他们的目标、态度、观点及行为方式都会影响他们与产品的关系，针对他们的需求进行更加有效的设计。因此，用户角色的方法更适合于用户细分型设计，服务于某些人群。例如，冰箱设计依据不同地区人们的需求，可以产生几十种设计。也有一些设计是不需要划分用户角色的，这就是普世设计。普世设计最大限度地满足所有用户的喜好，特点是个性弱但大众都可以接受，如飞利浦的剃须刀，它以强大的功能广受全世界用户的喜爱，其成功的一个原因便是没有区分设计。

案例六：用户角色分析

下面是制作的五个用户角色，如图4-18至图4-27所示。这五组角色代表五种典型人群，从中可以看到他们之间的区别，由于不同的态度、愿望、活动、观点和消费行为，他们所选择的产品及与产品之间的关系也不同。建立用户角色可以根据前期的调研作为基础，以不同的典型人物来建立用户角色，这些用户角色适用于在不同的产品设计中去思考，不同的产品相应的用户角色与产品的关系也是不同的。

1. 第一组用户群

(1) 关键词：有趣、我们、娱乐、有动机的、挑战、数码狂人、都市、探险、跟随潮流、肤浅的、伙伴。

(2) 态度：

- 科技对他们来说很重要。
- 他们喜欢城市和街头生活。
- 他们对娱乐感兴趣，他们需要表达自己。
- 充满矛盾
- 跟随潮流。
- 悖论混合。
- 他们离开手机、电脑等电子产品就不能生活。
- 他们喜欢挑战传统。

(3) 愿望：分享、经历新事物、愉快。

(4) 活动：网上冲浪、城市巡游、与同龄人出去游玩。

(5) 品牌消费：流行品牌、个性化品牌。

图4-18　第一组用户特点

图4-19　第一组用户分析

2. 第二组用户群

(1) 关键词：雄心、快乐、才华横溢、傲慢、自私、自我决定。

(2) 态度：

- 他们相信自己是天才，是特殊的。
- 他们认为自己能解决所有问题。
- 他们不喜欢被别人打扰。

- 总是享受孤独。
- 他们把自己的精力投入到感兴趣的东西上。
- 他们很少关心别人。
- 他们知道自己想要什么，不容易受别人影响。
- 他们喜欢在自己身上花时间。

(3) 愿望：成功、比别人更好、比别人更特别。

(4) 活动：独自旅行、去健身房。

(5) 品牌消费：上等的、有风格的。

图4-20　第二组用户特点　　　　　　　图4-21　第二组用户分析

3. 第三组用户群

(1) 关键词：自我实现的、坚定的、自信的、明智的、精致的、价值、质量好的、复杂的、真实的、负责任的、永久的。

(2) 态度：

- 他们是明智的，知道自己想要什么，知道什么是最好的。
- 他们趋向于稳定和更负责任。
- 时间是金钱。
- 他们对自己和别人要求都很严格。
- 严谨的。
- 效率是很重要的。

- 精心策划的日常生活。

(3) 愿望：去远方旅行、通过他们购买的东西来表达个人理念、好好休息。

(4) 活动：他们喜欢豪华的酒店和餐馆，以显示他们的社会地位。

(5) 品牌消费：高档服饰、奢侈品。

图4-22　第三组用户特点　　　　图4-23　第三组用户分析

4. 第四组用户群

(1) 关键词：文化遗产、历史、传统、保守、固执的、怀旧的、严肃的、信仰、保持、诚实。

(2) 态度：

- 精神、情感上与历史和传统的联系。
- 他们不想改变。
- 他们更稳定、可靠。
- 他们感性并长情。
- 他们缺乏勇气去尝试新的事物。
- 道德责任感强。

(3) 愿望：保持现状。

(4) 活动：做家务、经常去同一家商店和饭店消费。

(5) 品牌消费：老样式、以前用过的品牌。

图4-24　第四组用户特点　　　　　图4-25　第四组用户分析

5. 第五组用户群

(1) 关键词：真实的、自然的、有机的、户外的、简单、家庭、朋友、幸福、平安、健康、平衡、和谐。

(2) 态度：

- 他们追求简单，这让他们的生活更加轻松。
- 他们在寻求一个新的更有质量的生活。
- 喜欢户外活动(安全旅行、骑自行车)。
- 精力充沛。
- 他们有一些钱但是不挥霍。
- 他们有固定的社交朋友。
- 他们把工作和社交分得很清楚。
- 他们把健康和生活质量放在最重要的位置。
- 他们有健康的消费观，将稳定性、连续性、和谐和平衡看作有价值的。

(3) 愿望：减慢生活节奏，回归家庭生活、简单生活；想要身体与精神的平衡。

(4) 活动：运动、瑜伽；看小众电影；安全的旅行；与集体联系紧密。

(5) 品牌消费：绿色与节能产品、自然或舒适的材料、柔软的和浅色的。

图4-26 第五组用户特点

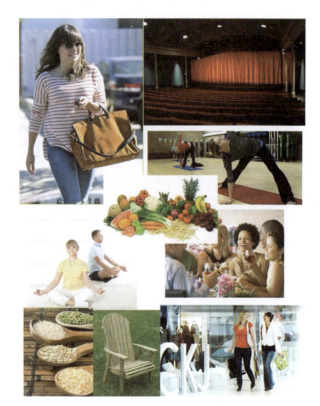

图4-27 第五组用户分析

4.2.8 品牌研究

如果一个企业有很好的品牌和品牌文化，通常消费者看到其品牌就会立即产生好的印象，好的品牌本身便是最好的广告，这就是品牌的作用。品牌(Brand)一词来源于古挪威文字Brandr，意思是烙印，它非常形象地表达了品牌的含义。品牌是商标、名称、包装、价格、历史、个性、声誉、符号、广告风格等方面在受众心中留下印象的总和。通过不同的品牌定位可以看出不同企业的品牌观念和企业文化，这包含着这个企业的产品品牌观、消费者品牌观和科学品牌观。

美国市场营销协会(American Marketing Association, AMA)定义委员会定义：品牌是个名称、名词、符号、象征、设计或其组合，用于识别一个或一群出售的产品或劳务，使之与其他竞争者相区别。根据营销学者菲利普·柯特勒所下的定义："品牌是一种名称、名词、标记、符号或设计，或是它们的组合运用，其目的是借以辨认某个销售者或某群销售者的产品或劳务，并使之同竞争者的产品和劳务区别开来。"按照柯特勒的观点，一个深层品牌有六层含义，分别包括如下内容。

属性：一个品牌首先给人带来特定的属性。
利益：属性需要转换成功能。
价值：品牌体现该制造商的某些价值感。
文化：品牌附加和象征一定的文化。

个性：品牌代表一定的个性。

使用者：品牌体现产品的目标消费者。

由此可见，品牌不只是一个牌号和产品名称，它是产品属性、名称、质量、价格、信誉、形象等的总和，是一种有别于同类产品的个性表征。

随着市场竞争日益激烈，消费者被重视的程度越来越高。消费者品牌观认为品牌存在于消费者心目中，品牌真正意义上的所有权并不属于制造商，而是属于消费者。品牌是一个以消费者为中心的概念，没有消费者，就没有品牌。品牌的价值体现在品牌与消费者的关系中。美国哈佛大学商学院的大卫·阿诺认为："品牌就是一种类似成见的偏见，成功的品牌是长期、持续地建立产品定位及个性的成果，消费者对它有较高的认同，一旦成为成功的品牌，市场领导地位及高利润自然会随之而来。"

以上研究突出体现了消费者在品牌建设中的地位和作用得到重视，品牌只有被消费者认可才能体现其价值，体现出企业品牌建设更加重视市场，让品牌围绕着消费者活动，让消费者时刻与企业品牌保持联系。

4.2.9 市场调查

市场调查是指运用科学的方法，有目的、系统地收集、记录、整理有关市场营销信息和资料，分析市场情况，了解市场的现状及其发展趋势，为市场预测和营销决策提供客观的、正确的资料。

卖场是商品交换顺利进行的条件，是商品流通领域一切商品交换活动的总和。卖场起源于古时人类对固定时段或地点进行交易的场所的称呼，当城市成长并且繁荣起来后，住在城市邻近区域的农夫、工匠、技工们就开始互相交易并且对城市的经济发展贡献力量。显而易见，最好的交易方式就是在城市中有一个集中的地方，让人们在此提供货物及买卖服务，方便人们寻找货物及接洽生意。当一个城市的卖场变得庞大而且更开放时，城市的经济活力也相对增长。产品设计调研中最重要的一部分就是对卖场实地的调查研究。卖场调查的对象一般为消费者、零售商、批发商、生产商。

研究消费者可以分成两个层次进行：第一层包括最常见的类别描述消费者，如人口、社会经济地位、品牌亲和力与产品用途；第二层延伸第一层的概念，包括心理统计特征、代群、消费者的地理区域和区域人口统计特征。研究的范围如下。

人口：是指消费者的年龄、居住的城市或地区、性别、民族、家庭成员等一些基本信息。

社会经济地位：是指消费者的家庭收入、受教育程度、职业及所在的社区。

品牌亲和力与产品用途：品牌亲和力是指消费者对某种品牌的感情度量，表现为某种品牌的产品出现并与同类产品其他品牌展开竞争时消费者对其持有何种态度。产品用途是指产品应用的方面、范围。品牌亲和力与产品用途都需要考虑产品与消费者行为之间的关系。

心理统计特征：是指消费者的生活方式、个性、态度、观点等行为。

代群：代群又称为代群效应，是指个体出生在特定时期，并成长在历史情景中，这些因素所带来的对个体发展的干扰效应。消费者的行为除了受年龄差异的影响，还受代群差异的影响。代群可成为消费者的特定识别。

地理区域：是指消费者的地理区域，如居住和工作区域等。

区域人口统计特征：是指结合地理区域和人口可能集群成为的可识别组。对于零售商和批发商等商家来说，了解卖场情况也是必需的，了解人们的需求和卖场的供应使零售商做出相应的举措，从而保证以最小的投入来获取最大的利益。对于生产企业、产品设计开发方来说，前期的卖场调查更是必不可少的一个环节，新产品开发前要了解同种产品的品牌、类型、功能、优劣、差异等方面内容，找到设计的方向和机会，以此减少可能出现的问题。

卖场调查的过程主要分为以下三部分。

1. 调查问卷和调查表

调查问卷和调查表是卖场调查的工具，它们的设计质量直接影响卖场调查的质量。设计时要注意以下几点。

(1) 调查问卷和调查表的设计要与调查主题密切相关，重点突出，避免可有可无的问题。

(2) 调查问卷和调查表中的问题要容易让被调查者接受，避免出现被调查者不愿回答，或令被调查者难堪的问题。

(3) 调查问卷和调查表中的问题次序要条理清楚，顺理成章，符合逻辑顺序，一般可将容易回答的问题放在前面，较难回答的问题放在中间，敏感性问题放在最后；封闭式问题在前，开放式问题在后。

(4) 调查问卷和调查表的内容要简明，尽量使用简单、直接、无偏见的词汇，保证被调查者能在较短的时间内完成调查表。

2. 样本的抽取

调查问卷和调查表设计完成后要发放给调查对象，但是调查对象分布广，怎样获取更有效的问卷和调查表很关键。这需要研究员结合研究的内容，指定相应的抽样方案，可以根据调查的准确程度来确定。卖场调查结果准确度要求越高，抽取样本数量应越多，但调查费用也越高，也可以根据卖场调查结果的用途情况确定适宜的样本数量。一般在卖场调查中，在一个中等以上规模城市进行卖场调查的样本数量，按调查项目的要求不同，可选择200～1 000个样本，样本的抽取可采用统计学中的抽样方法。具体抽样时，要注意对抽取样本的人口特征因素的控制，以保证抽取样本的人口特征分布与调查对象总体的人口特征分布相一致。

3. 数据统计

卖场调查收集的只是大量的原始资料，它必须经过整理、归纳与分析，才能成为卖场研究的材料，而资料的整理、归纳、分析，甚至包括之前的如何收集卖场资料，都是统计分析所要讨论的基本内容。卖场调查所得的数据往往是对部分对象进行调查的结果，这些调研对象是否可以推及全市居民和如何推及的问题，而这也正是统计分析所要解决的，即统计推论的问题。

在进行卖场调查之前通常已有目标问题，对问题提出可能性的解决方案，根据问题来设计问卷和调查表，并需要通过卖场调查的结果来验证之前的假设，将预想的设计想法与消费者的意见相对应，找到切实可行的解决方案。通常生产企业在进行卖场调查之前已经对产品进行了初步分析，发现了可能存在的问题，但是无法判断分析是否准确，这就需要通过卖场调查来验证。而这种假设的检验，也是统计分析的主要内容，它可以将一些研究假设证实或部分证实。如某企业在对近一段时间以来产品销售下降情况的问题分析中，怀疑产品包装、价格、零售商这三个因素有可能是主要原因，但却无法断定，我们可以对部分消费者进行问卷抽样调查，通过对数据的统计分析发现，仅有产品包装与顾客购买行为表现出相应的关系，从而验证产品包装是产品销售下降原因的假设。在此基础上提出改进包装的卖场决策建议，进而如何改进包装能够刺激消费者购买，同样也可以作为假设通过问卷设计及统计分析去检验。

卖场现象表面是杂乱无章的，呈现出随机性、多种可能性和不确定性，但另一方面却又潜在一定的规律，而要揭示这一规律，对收集的大量卖场经验材料进行统计分析是最重要的方法之一。离开统计分析，完全依靠个人经验、智慧的判断有时也能揭示这一规律，但由于过于主观，不利于做出客观决策。虽然统计分析出错不可避免，但可以控制出错的概率(且一般都控制在5%左右)。因此从根本上讲，它是一种科学的、客观的分析方法，是一般市场研究中常用的方法。

案例七：空气净化产品调研

下面将通过空气净化产品的前期研究案例，从市场分析、品牌、主流价位、功率等方面进行详细介绍。该设计项目是从2015年开始至2017年结束，是LG公司联合天津美术学院、清华大学美术学院进行的空气净化器创新设计研发，旨在研究满足中国家庭需求并符合中国价值观的空气净化器，代表了LG公司在中国本土化设计方面的探索。

图4-28为空气净化产品的市场分析。

图4-28　空气净化器产品市场分析

中国空气净化器市场的品牌关注格局发生剧烈变化。夏普荣登品牌关注榜榜首，Allerair关注涨幅最大，如图4-29所示。

价格在5 000元以上的空气净化器集中了市场36.9%的消费者关注度，成为当前市场的主流价格段，如图4-30所示。

图4-29 空气净化器品牌

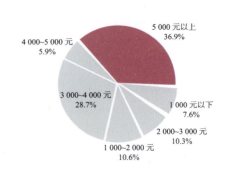
图4-30 空气净化器市场的主流价格段

从空气净化器的不同功率来看,47W的产品集中了市场12.2%的消费者关注度,成为最受消费者关注的产品功率,如图4-31所示。

消费者的关注重心正在向高价格段转移,其中5 000元以上的价格段涨幅高达14.8%,如图4-32所示。

图4-31 空气净化器的不同功率

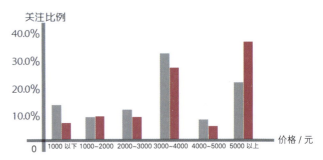
图4-32 消费者的关注重心转移情况

在市售产品型号数量方面,夏普相对最多,其次是飞利浦。Allerair和LightAir的产品型号数量则相对较少,如图4-33所示。

Allerair的市场均价相对最高。其余三家品牌的产品均价则在5 000元以下,如图4-34所示。

图4-33 市场上品牌产品型号数量

图4-34 品牌产品价格

图4-35为几种空气净化产品竞争品牌的比较分析。

	优势	劣势	机会	威胁
夏普	品牌、技术、产品多样化、产品质量、维护成本	营销能力	市场的需求、行业合作、消费多元化	市场的不确定性、市场的竞争
飞利浦	广告、战略、品牌知名度、造型设计、产品创新	价格、性价比	消费水平的提高、成功转型、市场前景	市场格局变化
松下	品牌价值、技术、理念、产品多样化研发、品牌稳健	市场决策、市场定位、创新能力、研发能力	高端稳定收入人群的增多	新型电企加入、国产产品兴起
LightAir	性价比、产品质量、创新设计、独特技术、低能耗	产品多样化、价格	消费者关注度转移至高端产品	品牌竞争，高端产品的竞争
小米	研产销技术、创新设计、定位人群、市场定位、营销网络、价格	节能性、产品质量、关键环节控制不足	品牌认知度高、企业创新性、行业同盟	品牌的认知性、业内竞争
LG	技术研发、服务、资金、市场经验	品牌认知度、分销渠道	中国市场趋向成熟	日韩品牌的创新竞争、国内品牌的价格竞争

图4-35　空气净化产品竞争品牌比较分析

图4-36中的这款小米空气净化器配备了DC直流电机，螺旋切风的格栅网，格栅保护网，采用了动态平衡处理，后倾离心风扇采用双风机结构设计，使其净化能力达到406m^3/h。

图4-36　小米空气净化器

图4-37中的这款产品采用按键式设计，集"净化＋加湿＋智能"多功能于一体。

图4-38中的这款空气净化器外观时尚，双拱形底部进风口，配备简洁的LCD显示面板，并采用新型风扇设计，机体采用ABS材质。

图4-37　夏普KC-W380SW-W空气净化器　　　　　　图4-38　IQAir HealthPro 250 空气净化器

图4-39中的这款产品采用精致时尚的设计风格，自然的琥珀色搭配木纹饰面，为传统家居风格带来全新的精致外观和时尚感。

图4-40中的这款空气净化器采用稳固型设计，并设有儿童锁，确保使用更加安全。其碗状水箱易于清洁，且功率较小、耗电量低。产品整体体积小、重量轻，便于移动放置。

图4-39　LightAir S610空气净化器　　　　　　　　图4-40　LG LAH-S404G空气净化器

对比：
- 小米空气净化器：价格区间集中在900~1 000元，具有三层净化功能，支持手机远程控制。

- 夏普KC-W380SW-W空气净化器：价格区间集中在2 000~4 000元，采用净离子群空间净化技术。
- IQAir HealthPro 250空气净化器：价格区间集中在6 000-13 000元，具备六挡调速功能，并配备HyperHEPA滤芯。
- LightAir S610空气净化器：价格区间集中在5 000~7 000元，高效净化并产生健康负离子。
- LG LAH-S404G空气净化器：价格区间集中在3 000~4 000元，采用NPI纳米除菌科技，具备气化加湿功能。

空气净化产品的市场分析趋势如下。
- 显示方面：增加体验方式，有利于提高品牌认知度。
- 外观趋势：能够适应多种环境的变化使用。
- 功能：多功能更迎合购买者意愿(如香薰功能、音乐功能、智能控制功能等)。
- 体量：小体积，便于移动。
- 功能延展：远程控制，大数据分享。
- 价位：2 000~5 000元的价格区间较受欢迎。

在对产品本身和市场进行调研的同时，还需要深入了解使用人群的需求。图4-41是对空气净化器的使用人群分析，主要分为两大用户群体：家庭群体和户外群体，再由这两个大群体往下细分用户。

图4-41　主流人群行为分析

1) 单身期

在针对单身期(集中在25岁以下)的问卷调研中，共收回242份问卷，其中有购买意向的受访者有44人；没有购买意向的受访者占大多数，达到198人。图4-42为问卷比例。

图4-42　对单身期用户的调研

通过对这一群体的跟踪采访，了解到他们普遍对市面上的空气净化产品的净化效果持怀疑态度，缺乏购买力和购买意愿。

2) 新婚期

使用场景如下。

早晨醒来，柔和的晨光透过窗帘洒进卧室。闹钟指向八点，空气净化器定时自动开启，让一夜没有通风的房间逐渐变得像露水般干净清新。洗漱后拿起手机，通过用户友好的APP查询当地的实时空气质量指数、PM2.5、温度等，让出行有备无患，轻松舒适。散步时，查看亲爱的他所处环境的空气质量，遥控为他打开空气净化器并送上最贴心的问候。空气净化器就像家人一样照顾您的健康，细心陪伴左右。上班时间，花心思布置自己的小空间，能随时了解周围环境的空气状况，好的环境营造，可以让自己始终保持饱满的工作热情。下班回家，和爱人共进晚餐，浪漫时刻芳香的气息弥漫在空气中，让人心情大好。睡眠模式的开启，保证睡眠时安静的环境，并辅助睡眠。

3) 满巢期

使用场景如下。

周末，结束一周忙碌的工作，一家三口来到公园享受休闲时光。考虑到空气质量，父母为孩子准备了便携的空气净化产品，使孩子可以在自然环境中尽情玩耍，一家人共享天伦之乐。孩子是家庭的希望，也是中国家庭最关心的群体，孩子正处在身体的发育期，更需要健康、绿色的成长环境。在传统的中国家庭中，大多男主外、女主内，忙碌的工作都是为了给家人创造一个充满爱的环境。他们追求的不仅是清新的空气，更是那份专属的健康和甜蜜。

4) 空巢期

使用场景如下。

- 霍先生和夫人有个孝顺的女儿，一家三口经常来看望这对老人，当女儿夫妇上班时，通常会把外孙女送到老人家里。他们希望空气清新的同时，孩子的安全也要有保障。
- 王先生家里有一台空气净化器，但是由于老人家经常找不到遥控器，而且老人家觉得更换和拆卸滤网非常麻烦，因此使用频率也不高。
- 李太太爱好烹饪，家内虽然有吸油烟机，但是由于是开放式厨房，油烟清理不是很彻底，这给她造成一定的困扰。由于她的眼睛有些老花，面对复杂细小的界面，她发现自己很难灵活控制。
- 张大爷的老伴已经去世，儿女都在外地工作，没有什么时间经常来看望他。张大爷养了一只可爱的小猫，但是宠物掉毛成了难题。张大爷气管不好，每况愈下的空气质量令他苦不堪言。

根据对主流人群的研究，包括在新婚期、满巢期和空巢期的人群及户外工作者和户外活动者(见图4-43至图4-45)，深入了解他们的需求点，分析出产品的机会点，如表4-3所示。

图4-43　户外群体

图4-44　工作在室外　　　　　　　　　　图4-45　活动在室外

表4-3　主流人群行为分析

	需求	机会
新婚期	查看天气状况，热爱运动；工作减压；舒适环境，营造气氛；关注产品外观、注重时尚；人机交互；浪漫氛围	运动随身，数据分享，桌面周边；定时开启；语音播报；社交交流；机器人表情
满巢期	关心孩子、老人健康状况；关注产品品质、性能	个性定制；高端材质；静音；净化效果可视化；物联网(远程控制)；使用习惯记忆
空巢期	情感关怀；操作方式简单明了；产品保养维护便捷；降低老年挫败感	远程操作；智能提醒功能；易拆洗；触控反馈；趣味操作；声控操作
户外工作者	抵御外界环境伤害；具有防护特点，并体现职业特征	防护性；无线充电；新能源；屏幕自动感光调节；高危预警
户外活动者	运动记录；显示海拔、指南针等；GPS定位；SOS紧急求救；穿戴方式舒适便捷	高灵敏度；抗损耗；新能源；大数据化运动建议

结合空气净化产品市场分析、中国家庭观及健康观、主流人群行为分析，寻求需求点和机会点，将找到的需求点和机会点归纳为若干设计方向，并进行设计概念的拓展，如图4-46和图4-47所示。

- 家用产品方向：①不同的操作体验；②多功能的集合；③可知及可见的信息展示；④大数据分享与预测。
- 桌面产品方向：①新的操作方式；②供电方式的选择；③衍生周边产品；④云端数据分享。
- 便携产品方向：①轻薄的体积；②不同的佩戴方式；③应用技术的革新；④前卫时尚的表达。

图4-46　产品分析

图4-47　产品分析与归纳

案例八：儿童姿态矫正鞋调研

下面以儿童姿态矫正鞋设计项目前期研究为例，分别从问题分析、市场调研分析、用户人群分析、技术支持分析等方面进行讲解。此项目是正态智能有限公司联合天津美术学院研究开发的，旨在解决儿童"八字脚"形态问题。通过智能姿态矫正鞋，有效地预防和矫正儿童脚部变形，有利于儿童的健康发展。图4-48为"八字脚"形态。

图4-48　"八字脚"形态

1. 问题分析

一部分儿童在生长过程中脚部出现了问题，即"八字脚"，就是指在走路时两脚分开像"八"字。这种步态不仅难看、姿势不正、身体不稳、步子迈不开，给运动和体力劳动带来不便，同时也容易使鞋变形，磨损加快。

人们通常将"八字脚"分为"内八字"和"外八字"。"内八字"的人走路时足尖向内，足跟外展；"外八字"的人走路时则相反。如果儿童在幼年形成"八字脚"，成年后纠正会非常困难。因此，父母要经常注意观察孩子的走路姿势，若发现孩子走路有"八字脚"倾向，应及时进行纠正。

分析"八字脚"形成的原因，可能包括如下情况。

(1) 过早学步、站立：由于幼儿腿部力量不足，在学步和站立时，双脚自然分开，以增加脚底接触地面的面积，防止跌倒，从而形成双脚自然分开的姿势。

(2) 体内缺钙：当幼儿骨骼含钙较低时，脚部骨质容易变形，在行走和站立时因重力作用，容易导致双侧髂骨关节向外分开，从而形成"外八字脚"。

(3) 过早穿皮鞋：幼儿在学走路时就穿皮鞋，尤其是穿硬质皮鞋。由于足部骨骼软，脚腕部力量弱，可能出现"带不动"鞋的现象，长期可能导致步态扭曲。

预防和矫正"八字脚"的方法如下。

(1) 不过早走路：幼儿足部骨骼较软，如果过早走路，容易导致脚部变形。

(2) 鞋应合脚：幼儿不宜穿过大的鞋，也不宜穿挤脚的小鞋。由于孩子的脚长得较快，买鞋时可以选择大一号的鞋子，一旦发现鞋子挤脚就要及时更换，不宜凑合穿着。

(3) 穿布鞋：在幼儿初学走路时，应选择布鞋或胶底鞋，轻巧、柔软，有利于幼儿学步。

(4) 定制矫正鞋：选择有科学足弓设计的鞋子，确保足底受力均衡，使纵足弓、横足弓受力平衡，减轻地面对人体的反作用力，从而使足部健康成长。

通过对问题的分析，我们发现设计矫正鞋可以有效解决儿童脚部变形的问题，因此对产品的市场潜力、用户人群、技术支持等方面进行调研分析。图4-49为儿童姿态矫正鞋设计前期分析。

图4-49　儿童姿态矫正鞋设计前期分析

2. 市场调研分析

1) 品牌一：立行天地

立行天地健康科技有限公司成立于2006年，已发展成为国内足部辅具行业的领先旗舰品牌。公司依托其核心专利产品，包括拇外翻矫正器、儿童矫正鞋，以及创新的销售渠道，为客户提供全方位服务。图4-50为立行天地品牌童鞋。

图4-50　立行天地品牌童鞋

① 设计优势分析

针对"内八字"步态设计内八字矫正鞋楦，针对"外八字"步态设计外八字矫正鞋楦。对于单纯平足或外翻的情况，建议使用正常矫正鞋楦(直楦)。图4-51为立行天地矫正鞋设计分析。图4-52为搭配矫正鞋垫分析。

图4-51　立行天地矫正鞋设计分析

图4-52　搭配矫正鞋垫分析

② 设计劣势分析
- 缺乏品牌推广。
- 产品款式单一。

2) 品牌二：足脊达人

足脊达人健康管理有限公司是国内舒适生活护理辅具行业的知名企业，拥有良好的市场声誉。公司由国内外的高级专家组成，集研发、生产、销售、服务于一体，是一家现代化的多元企业。公司致力于为广大消费者的健康生活服务。

① 设计优势分析
- U型后跟杯设计，加高加固，减少关节劳损，改善运动中足部的稳定性。
- 宽敞的楦头设计，让孩子的脚趾自然发育，避免压迫。
- 在材料选择上，使用精致的镂空海绵和超细纤维增强皮革。

图4-53为足脊达人品牌童鞋。图4-54为足脊达人矫正鞋设计。

图4-53 足脊达人品牌童鞋

图4-54 足脊达人矫正鞋设计

② 设计劣势分析

● 缺乏品牌推广。

● 产品款式单一。

● 用户针对性不强,应以足部护理产品、脊椎护理产品为导向,进行有针对性的产品设计并解决问题。

3) 品牌三：敏斯特

敏斯特鞋业有限公司是国家康复辅具研究中心的下属企业,创建于2006年,是国内为数不多的专业足部健康服务保健机构之一。

① 设计优势分析

● 在足部辅助领域的研究全面覆盖多种辅具。

● 引进先进的国外技术。

● 拥有专业的研发团队。

● 建立有足部物理矫形康复中心。

图4-55为敏斯特品牌童鞋。图4-56为敏斯特矫正鞋设计分析。

图4-55　敏斯特品牌童鞋

图4-56　敏斯特矫正鞋设计分析

② 设计劣势分析
- 缺乏品牌推广。
- 儿童产品类型太少。
- 价格偏高。

3. 用户人群分析

1) 购买用户(儿童父母)

① 年龄

平均结婚年龄：

在大城市，年轻人结婚普遍较晚，男性一般在29～32岁，女性一般在27～30岁；农村的年轻人结婚相对早一些，男性一般在24～28岁，女性一般在23～27岁。

平均生育年龄：

在城市中，随着人们学习、就业、工作压力增大，"晚育族"越来越多。我国乃至全世界女性的平均生育年龄都在推迟。第七次全国人口普查的数据显示，我国女性的平均生育年龄为29.13岁，因此推算购买智能姿态矫正鞋的用户年龄为29～38岁。

② 生活习惯
- 抚养结构：隔代抚养(见图4-57)、自己抚养、雇人抚养。

- 制订并执行锻炼计划，带动孩子锻炼身体。
- 家长有健康意识，不能过早穿皮鞋等。
- 可能会喜欢并容易接受智能产品(见图4-58)。
- 长期静坐于电脑前，工作到深夜。
- 饮食习惯合理，注意营养补充。

图4-57　隔代抚养

图4-58　喜欢并容易接受智能产品

③ 消费习惯

消费结构：

城市儿童生活形态研究报告中显示，儿童逐渐成为家庭消费的核心，用于儿童的直接与间接消费已经占到家庭日常消费的60%以上。

消费行为：

- 在饮食方面，父母越来越注重营养成分的合理搭配，购买各种少年儿童营养产品。在衣着等日常用品的购买上，父母追求款式新颖、穿着漂亮，还看重产品的功能性。
- 在享用性消费方面，父母趋向于创造更多有利于儿童身心发展的条件。从孩子出生开始，父母就积极购买各种玩具或教具。

- 在发展性消费方面,父母注重孩子智力开发、特长培养的投资,包括耐用消费品和学习辅助用品。

如图4-59所示。

购买行为:

确认需求——寻求信息——比较评价——决定购买——购后评价。

图4-59 消费行为

④ 喜好

32~35岁的家长喜欢根据潮流为孩子打扮,融入许多时尚元素;在饮食方面,比较注重孩子的饮食健康和营养均衡。

36~40岁的高级知识分子家庭喜欢通过科学的方法抚养孩子。家长更重视孩子的健康生活方式,如图4-60所示。

图4-60 父母的喜好

2) 使用用户(儿童)

① 生活习惯

- 学习(包括体育锻炼、舞蹈艺术培养等)。
- 娱乐(包括郊游出行、游乐场游玩、室外活动等)。

② 喜好

食物喜好:

奶类、谷物类、水果类、海产品类、蔬菜类、蛋类、饼干类、西式快餐类,如图4-61所示。

图4-61　食物喜好

色彩喜好：
- 儿童普遍喜欢明亮的色彩，不太喜欢暗淡的色彩。
- 儿童喜欢的颜色主要有红、蓝、绿、紫、黄。
- 随着年龄的增长，儿童喜欢的颜色会逐渐从暖色调向冷色调转变，但总体上偏爱原色。

儿童具有"女孩色""男孩色"等性别上的区别意识，一般女孩偏爱粉红色，男孩偏爱蓝色，如图4-62所示。

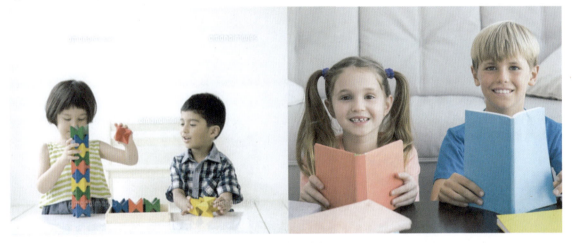

图4-62　色彩喜好

造型喜好：
- 在圆形、方形、三角形类几何图形中，幼儿通常最喜欢圆形类，而对方形类和三角形类的喜好区别不明显。儿童对圆形类几何图形普遍喜好。
- 当圆形类几何图形没有受到其他几何图形干扰时，无论是单个圆形还是由多个圆形组合而形成的复杂图形，都容易被儿童接受和喜欢；当圆形类几何图形受到其他几何图形干扰时，儿童会选择那些更有秩序、传达更明确、更简洁的图形；当干扰几何图形处于次要位置时，对儿童的影响就不大，儿童更喜欢那些有方圆对比关系的图形。

- 当在几何图形中看出一定的含义时,儿童有可能根据图形的含义进行选择,而不一定会选择圆形。
- 儿童喜欢螺旋曲线。

玩具喜好:

- 11~18月:喜欢选择机动的、能发出声音的玩具,如小推车、拖拉玩具,可以提高孩子走路的兴趣。还会选择小动物玩具、娃娃、积木、小套圈等,可以提高孩子认识事物的能力,锻炼眼手协调能力。积木、积塑(发展手部小肌肉);动物玩具、人物玩具(发展语言、认知能力);音乐玩具(听觉刺激、促进手眼协调、发展因果关系);小推车、拖拉玩具(练习站立、行走);形状分类玩具(发展形状概念、建立初步分类概念)。
- 18月~3岁:玩具的选择面会更广泛一些,如小板凳、小餐具、小水桶等。通过对实物的触摸并与玩具进行比较,帮助孩子了解事物的属性和特性。此外,孩子还会选择一些适合户外活动的玩具,如开动的小汽车、大皮球等,以锻炼身体,发展大运动功能。使用运动器械,如滑梯、秋千、攀登架等,能发展孩子的动作技能,锻炼他们的勇气。
- 4~5岁:孩子会选择带有简单情节的玩具,如娃娃最好眼睛能转动、衣服能穿脱,以及小炊具等玩具,以吸引孩子的兴趣,发展他们的想象力。套叠玩具(发展手眼协调、大小概念、因果关系);镶嵌、拼图、积木(锻炼小肌肉、发展形状、空间推理能力);角色游戏玩具,如过家家、医院用具玩具(熟悉社会生活)。

儿童崇拜:

儿童一般崇拜的人物包括父母、英雄人物、神话人物、科学家、明星等(随机抽取6466名小学三年级到高中二年级在校生,对他们进行了问卷调查)。

4. 技术支持分析

(1) 检测模块:检测模块位于鞋底的前端和末端两个位置,可以精确检测姿态是否正确。

(2) 主板:主板位于鞋底中心,可以及时处理和反馈信息。

(3) 干预模块:干预模块位于脚踝或脚腕部分,接收干预信息后将产生振动或电刺激,对用户进行提示矫正。

(4) 电池:电池临近主板,给整个电路系统提供电源支持。

如图4-63所示。

结合儿童姿态矫正鞋市场调研分析、用户人群分析、技术支持分析,来寻求需求点或机会点。机会点分析如图4-64所示。

图4-63 技术支持

图4-64　机会点分析

4.2.10　零售研究

零售研究，就是观察与分析消费者是怎样购物的，研究内容如下。

(1) 在选择产品的时候，消费者是耐心地浏览和比较产品，还是随意地挑选产品？

(2) 消费者在商场购物时，产品设计中所使用的各种元素，对消费者选择不同品牌具有多大的影响？

(3) 市场是否考虑到购买者和使用者的关系？例如，就儿童用品而言，使用者是儿童，而购买者往往是他们的长辈。

(4) 消费者认为产品选购十分容易，还是觉得信息量大且混乱，感觉无从下手？

由此可知，零售研究可以获得直观的感受，激发调研者去思考，不仅是产品与用户之间的关系，而是整个零售环境中的动态过程。从零售研究中可以得到最直观的信息，所以属于初级研究的内容。图4-65至图4-69是宜家家居的零售模式展示。

图4-65　宜家销售的产品

图4-66　宜家的购物导览图

图4-67 宜家地板上的导览指示

图4-68 宜家提供人们进行测量的纸质尺子和铅笔

图4-69 宜家餐厅

4.2.11 大数据应用法

大数据又称为巨量资料,是指需要新处理模式才能具有更强的决策力、洞察力和流程优化能力的海量、高增长率和多样化的信息资产。"大数据"概念最早由维克托·迈尔-舍恩伯格和肯尼恩·库克耶在编写的《大数据时代》一书中提出,指不用随机分析法(抽样调查)的捷径,而是采用所有数据进行分析处理。大数据具有4V的特点,即Volume(大量)、Velocity(高速)、Variety(多样)、Value(价值)。

大数据涵盖了人们在大规模数据的基础上可以做的事情,而这些事情在小规模数据的基础上是无法实现的。大数据让我们以一种前所未有的方式,通过对海量数据进行分析,获得具有巨大价值的产品和服务，或深刻的洞见，最终形成具有变革的能力。

大数据的应用已经越来越普遍。例如，自2014年起，贵州省就开始利用大数据吸引人才，到2015年已经连续两年在人才争夺战中走在了前列，吸引了大量高精尖科技人才。2016年5月25日，《人民日报》报道了"大数据守护电梯安全"，将大数据应用到救援处理中；2016年6月1日，《参考消息》报道了"北京用'大数据'精准服务老人"。2017年，《中国大数据应用发展报告》是国内首本研究大数据应用的蓝皮书，由中国管理科学学会大数据管理专委会牵头编撰，社科院文献出版社出版。2018年第二卷探讨了大数据交易体系，通过实际案例观察大数据应用如何推动新一轮经济增长；2019年第三卷提出大数据应用发展的评估；2020年第四卷重点关注大数据的研究模式；2021年第五卷聚焦大数据赋能产业、行业数字化转型；2022年第六卷探讨数字智能化；2023年第七卷聚焦人工智能快速发展背景下的大数据应用。由此可见，大数据应用的深度与广度不断加深与扩展，正逐步融入人们的生活当中。

1. 大数据分析的内容及作用

获取大数据后，最重要的是对这些数据进行分析，只有通过分析才能获取更多智能的、深入的、有价值的信息。越来越多的应用涉及大数据，而这些大数据的属性，包括数量、速度、多样性等都呈现了大数据不断增长的复杂性，所以其分析方法在大数据领域就显得尤为重要，是决定最终信息是否有价值的关键性因素。基于这样的认识，大数据分析有以下五个基本方面。

1) 可视化分析

大数据分析的运用者有大数据分析专家，还有普通用户，他们关于大数据分析最根本的需求就是可视化分析。可视化分析可以直观地呈现大数据的特性，同时非常容易被读者所接受，就好像看图说话一样简单明了。

2) 数据挖掘算法

大数据分析的理论基础是数据挖掘算法。各种数据挖掘算法基于不同的数据类型和格式，才能更加科学地呈现出数据自身具备的特性。一方面是由于这些被全世界统计学家所公认的各种统计办法才能深化数据内部，挖掘出公认的价值；另一方面是由于这些数据挖掘算法才能更快速地处理大数据，假如一个算法需要数年才能得出结论，那么大数据的价值也就无从谈起了。

3) 预测性分析能力

大数据分析最重要的应用范畴之一就是预测性分析，从大数据中挖掘出特性，通过科学地建立模型，并使用模型带入新的数据，从而预测将来的数据。

4) 语义引擎

语义引擎在网络数据挖掘中得到了广泛应用。它能够分析用户的搜索关键词、标签关键词，或其他输入语义，以判别用户的需求，从而提供更好的用户体验和广告匹配。

5) 数据质量和数据管理

大数据分析离不开高质量的数据和有效的数据管理。无论是在学术研究还是在商业应用领域，都能够保证剖析结果的真实性和价值。

大数据分析的基础在于以上五个方面，当然还有很多更加有特性、更加深化、更加专业的大数据分析办法。

众所周知，"大数据"不仅指数据本身的庞大规模，也包括采集数据的工具、平台和数据分析系统。大数据研发的目的是发展大数据技术并将其应用到相关领域，通过解决海量数据处理问题促进其突破性发展。因此，大数据时代带来的挑战不仅体现在如何处理海量数据，从中获取有价值的信息，也体现在如何加强大数据技术研发，抢占时代发展的前沿。

2. 大数据分析应用案例

从全球范围来看，大数据分析已在各行各业成功应用。从以下几个行业来分析大数据的应用。

1) 零售业

"我们的某个客户，是一家领先的时尚品牌零售商，通过当地的百货商店、网络及其邮购目录业务为客户提供服务。公司希望向客户提供差异化服务，如何定位公司的差异化，他们通过从Twitter和Facebook上收集社交信息，更深入地理解化妆品的营销模式，随后他们认识到必须保留两类有价值的客户：高消费者和高影响者。希望通过接受免费化妆服务，让用户进行口碑宣传，这是交易数据与交互数据的完美结合，为业务挑战提供了解决方案。"Informatica(数据管理软件提供商)的技术帮助这家零售商用社交平台充实了客户主数据，使其业务服务更具有目标性。

零售企业也监控客户的店内走动情况及与商品的互动，然后将这些数据与交易记录相结合来展开分析，从而在销售哪些商品、如何摆放货品及何时调整售价方面给出意见。此类方法已经帮助某领先零售企业减少了17%的存货，同时在保持市场份额的前提下，增加了高利润率自有品牌商品的比例。

2) 医疗行业

塞顿医疗保健公司成为首家采用IBM最新沃森技术进行医疗保健内容分析和预测的企业。该技术使企业能够找到大量与病人相关的临床医疗信息，通过大数据处理，更好地分析病人的信息。

在加拿大多伦多的一家医院，针对早产婴儿，每秒有超过3 000次的数据读取。通过这些数据分析，医院能够提前知道哪些早产儿出现问题并且有针对性地采取措施，避免早产婴儿夭折。

大数据让更多的创业者更方便地开发产品，如通过社交网络来收集数据的健康类App。未来，这些App收集的数据可能会使医生的诊断变得更为精确。例如，不再是通用的"成人每日三次、一次一片"，而是通过检测到你血液中的药物成分代谢完成后自动提醒你再次服药。

3) 能源行业

在欧洲，智能电网已经普及到终端用户，也就是所谓的智能电表。在德国，为了鼓励利用太阳能，家庭安装的太阳能发电系统不仅能自用，还能在发电有剩余时将电卖回给电网。通过每隔5分钟或10分钟收集一次数据，收集的这些数据可以用来分析客户的用电习惯等，从而推断出在未来的2~3个月时间内整个电网大概需要多少电。有了这些预测信息，电网运营商就能向发电和供电企业提前购买所需电量。电力的价格有时会像期货一样波动，提前购买通常成本更低，而购买现货则成本较高。因此，通过大数据分析进行的需求预测，可以降低采购成本。

又如，维斯塔斯风力系统，依靠BigInsights软件和IBM超级计算机对气象数据进行分析，以确定安装风力涡轮机和整个风电场最佳的地点。利用大数据分析，以往需要数周的分析工作，现在不足1小时即可完成。

4) 通信行业

XO通信公司通过使用IBM SPSS预测分析软件，成功将客户流失率减少了将近一半。现在，XO通信可以预测客户行为，发现行为趋势，并识别服务中的缺陷环节，从而帮助公司及时采取措施，保留客户。此外，IBM的Netezza网络分析加速器，将通过提供单个端到端网络、服务、客户分析视图的可扩展平台，帮助通信企业制订更科学、合理的决策。

电信运营商通过分析数以千万计的客户资料，能识别多种使用者的行为和趋势，并将这些信息出售给需要的企业，这是全新的数据经济模式。例如，中国移动通过大数据分析，对企业运营的全业务进行针对性的监控、预警、跟踪。系统在第一时间自动捕捉市场变化，再以最快捷的方式推送给指定负责人，使其能迅速掌握市场行情。

NTT docomo公司把手机位置信息和互联网信息结合起来，为客户提供附近的餐饮店信息，以及在接近末班车时间时提供末班车信息服务。

5) 生物行业

生物大数据技术主要是指大数据技术在基因分析领域的应用。通过大数据平台，人们可以将自身基因和生物体基因分析的结果进行记录和存储，建立基于大数据技术的基因数据库。大数据技术将会加速基因技术的研究，帮助科学家快速进行模型的建立和基因组合模拟计算。基因技术是人类未来战胜疾病的关键，借助于大数据技术的应用，人们将会加快自身基因和其他生物基因的研究进程。未来，利用生物基因技术来改良农作物，利用基因技术来培养人类器官，利用基因技术来消灭害虫都能实现。

6) 金融行业

大数据在金融行业应用范围非常广泛。例如，花旗银行利用IBM沃森电脑为财富管理客户推荐产品；美国银行通过分析客户的点击数据集，为客户提供特色服务，如有竞争力的信用额度；招商银行通过对客户刷卡、电子银行转账、存取款、微信评论等行为数据进行分析，每周给客户发送针对性的广告信息，其中包括客户可能感兴趣的产品和优惠信息。

7) 电商行业

电商行业是最早利用大数据进行精准营销的领域之一。由于电商的数据较为集中，数据量足够大，数据种类较多，未来电商数据应用将会有更广阔的发展空间，包括预测流行趋势、消费趋势、分析地域消费特点、客户消费习惯、各种消费行为的相关度、消费热点、影响消费的重要因素等。依托大数据分析，电商的消费报告将有利于品牌公司的产品设计，生产企业的库存管理和计划生产，物流企业的资源配置，生产资料提供方的产能安排等，有利于实现社会化大生产的精细化管理，提高整个社会的运作效率。

8) 农牧行业

大数据在农业方面的应用主要是指依据未来商业需求的预测进行农牧产品生产，以降低农产品价格波动对农民的影响。大数据分析将会更加精确地预测未来的天气和气候变化，帮助农牧民做好自然灾害的预防工作，也会帮助农民依据消费者的消费习惯决定增加哪些品种的种植，减少哪些品种农作物的生产，提高单位种植面积的产值，同时有助于快速销售农产品，完成资金回流。牧民可以通过大数据分析来优化放牧范围，有效利用牧场资源。渔民可以利用大数据安排休渔期、定位捕鱼范围等。大数据技术可以帮助政府实现农业的精细化管理，实现科学决策。在数据驱动下，结合无人机技术，农民可以采集农产品生长和病虫害信息。相对于过去雇佣飞机，成本将大大降低，同时精度也大为提高。

9) 交通出行

大数据在交通出行领域的应用主要体现在两个方面：一方面可以利用大数据传感器收集的车辆通行密度信息，合理进行道路规划，包括单行线路规划等；另一方面可以利用大数据实现即时信号灯调度，提高现有线路的运行能力。科学地安排信号灯是一个复杂的系统工程，需要依赖大数据计算平台计算出一个较为合理的方案。通过科学安排信号灯，可以提高现有道路30%左右的通行能力。机场的航班起降依靠大数据将会提高航班管理的效率，航空公司利用大数据可以提高上座率，降低运营成本。铁路行业利用大数据可以有效安排客运和货运列车，提高运输效率、降低成本。

10) 教育行业

美国的麦格劳-希尔教育出版集团开发了一种预测评估工具，该工具能帮助学生评估他们现有的知识水平和达标测验要求之间的差距，指出需要提高的地方。这种评估工具可以让教师跟踪学生的学习情况，从而发现学生的学习特点和方法。有些学生适合传统的线性学习方法，有些则更适合图形信息和整合信息的非线性学习方式。这些特点都可以通过大数据搜集和分析很快识别出来，为教育教学提供有力的支持。在国内尤其是北京、上海等大城市，大数据在教育领域的应用已经非常广泛，如慕课、在线课程、翻转课堂等，其中就应用了大量的大数据工具。

通过大数据分析来优化教育机制，可以做出更科学的决策，这将带来潜在的教育革命。在不久的将来，个性化学习终端将更多地融入学习资源云平台，根据每个学生的兴趣爱好和特长，推送相关领域的前沿技术、资讯、资源乃至未来职业发展方向等信息，并贯穿每个人终身学习的全过程。

这些案例充分说明了产品设计调研也将大数据应用作为一种调研方法纳入调研活动中，同时，将不得不重视大数据对产品设计行业带来的巨大影响与变化。

4.3 撰写调研报告

所谓调研报告，就是对某一情况、事件或问题，经过对其客观情况进行实际的调查了解，将调查了解的全部情况和材料进行研究，揭示其内在本质，寻找出规律性，总结经验，最后以书面形式展示出来。调研报告主要包括两部分：一是调查情况；二是分析研究。调查情况是真实地进行调查，准确地反映客观事实，尽可能多地收集一手资料。分析研究是在掌握客观事实的基础上，透过现象解释事物的本质和规律。

4.3.1 调研报告的写法

经过前期的调研，调研者已经得到了许多信息和资料，通常在这个阶段需要做的就是撰写调研报告，因为只有总结和分析，才能得到调研的成果，洞察调研的问题所在。撰写调研报告是产品设计调研后期的一项工作内容，调研工作的成果将体现在其中。最终的调研报告将提交给企业决策者，作为企业制订市场营销策略的依据。

在产品设计调研中，撰写调研报告可以说是对前面所有的调查、研究工作的总结和归纳，是整个调研工作书面形式的最终展现。对于从事产品设计的人员来说，不仅要能够深入掌握各种调研方法，还要有能力把收集到的信息和资料进行整合。通过前期对主流人群的需求点调研，分析出产品的机会点，进而得出设计关键词。设计关键词即产品设计所围绕的概念和目标，如图4-70所示。

图4-70 调研后得出的设计关键词

调研报告要按规范的格式撰写。因此，如何写好调研报告，需要注意以下几点。

(1) 写好调研报告必须掌握丰富、真实的材料，这是形成调研报告的基础。

材料的来源有两个方面：一是深入实地获取一手资料，如参加展览、参观公司、参与活动等，需要调研者亲自参与到调查中去，这是初级研究的内容；二是来源于书籍、杂志、期刊、互联网等，收集有用的资料不仅能扩大信息量，并进行对比、评价和取舍，这属于二级研究。最后在初级研究和二级研究的基础上，发展自己的观点，这是三级研究。

(2) 调研报告要有重点。对于获得的大量直接间接资料，要筛选出最典型、最能说明问题的材料，对其进行分析，从中找到本质和内在规律，得出结论。往往调研者会觉得收集资料并不难，但做出取舍却是件不容易的事。

(3) 调研报告用词要准确、精练。调研报告是一种起到说明作用的书面形式，其目的是让读者顺利地理解报告的内容，所以尽量用简单的方式阐述和表达，把调研报告的发展起因、过程、问题、趋势和影响总结清楚。

(4) 调研报告表达要逻辑严谨、条理清楚，观点要鲜明，有理有据。调研报告中的论据和论点要有严密的逻辑关系，论据不只是列举事例、讲故事，逻辑关系是指论据和观点之间内在的必然联系。

调研报告的内容一般，分为前言、主体、总结三部分。

1. 前言

前言需要表述的内容有：调查的起因或目的、时间和地点、对象或范围、经过与方法、调查对象的历史背景、大致发展经过、现实状况、突出问题，或直接概括出调查的结果，如肯定做法、指出问题、提示影响、说明中心内容等。前言起到画龙点睛的作用，要精练概括，直切主题。

2. 主体

主体是调研报告最主要的部分，这部分详述调查研究的基本情况、做法、经验，以及分析调查研究所获材料中得出的各种具体认识、观点和基本结论。

3. 总结

结尾可以提出解决问题的方法、对策或下一步改进工作的建议；总结全文的主要观点，进一步深化主题；提出问题，引发人们的进一步思考；展望前景，发出鼓舞和号召。在设计调研时，有很多书籍可以作为工具书帮助设计人员进行调研工作，如图4-71所示。

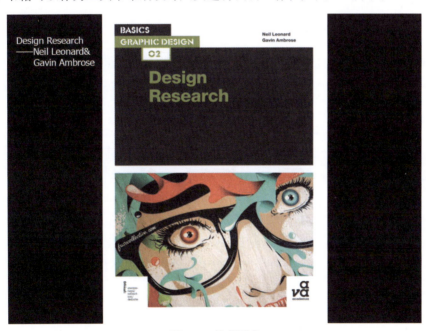

图4-71　推荐图书

4.3.2　注释和引用

注释和引用是在撰写学术论文与报告时，引用参考的文献、资料、数据等，以表达自己的思想。在学术写作中承认引用别人的观点是非常重要的，而且这些经过深思熟虑后引用的文献将丰富和加强你的观点，通过引用别人的观点使自己的工作更加有说服力。那么应该怎样正确地使用引用呢？参考文献和引用的格式有一定的规范，而目前运用较为普遍的是哈佛注释体系/哈佛引用。

注释和引用的格式因为不同形式的资料而有所不同，具体表现如下。

1) 书籍(独立作者)

作者，(年份)标题，出版社，城市

Hopkins, David(2000)After Modern Art: 1945-2000, Oxford University Press, Oxford

2) 一本书里多个作者的论文

作者，(年份)论文的标题，编者的名字(出版的年份)书籍的名称，出版社，城市，页码

Kosuth, Joseph(1969)'Art after Philosophy', in Charles Harrison and Paul Wood(eds.)(1999)Art in Theory 1900-1990: A Critical Anthology, Blackwell, Oxford, pp.840-850

3) 在期刊、杂志、报纸中的文章

作者，(年份)论文或文章的标题，期刊的名称，卷或版本号，页码

Judah, Hettie(2009) 'Styling Over Substance', in Art Review, Issue 37 2009, p.40

4) 网页

作者或来源(年份)文档或网页的标题(媒体的类型). 可获得在：网址或 URL(访问日期)

5) 数据库中的期刊文章

作者，(年份)文章标题，期刊的全称(媒体的类型)，卷或版本号，页码. 可获得在：数据库名称(访问日期)

Becker, Annette(2002) 'The Avant-Garde, Madness and the Great War' in Journal of Contemporary History [e-journal] Vol. 35, No. 1. Available through: JSTOR e-database [Accessed 12 February 2010]

6) 在互联网上得到的杂志和期刊的文章

作者，(年份)文章标题，期刊的全称，(在线). 可获得在：网址(访问日期)

7) 在线报纸文章

作者，(年份)文档或页面的标题，报纸的名称(媒体的类型). 可获得在：网址(访问日期)

8) 引用 ""(作者，年份，页码)

'Proximity to the material fabric of the city and the desire to incorporate and transform it, is a characteristic shared by many designers in London.' (Dexter, 2001, p.81)

9) 在线引用

""(作者，年份，网址)

'Clearly radio is no longer the domain of comfy chair, fire-in-the-hearth quaintness. The parameters have melted.' (Rimbaud, 1995, www.thewire.co.uk)

在产品设计调研的过程中，调研者会遇到许多问题和一些瓶颈，阻碍了调研的进展，有些需要足够的时间去反思并及时调整，有些是可以提前做好相关工作的，根据以往调研的经验，在此为读者列举一些关于如何更好地进行调研所要做到的事情。

(1) 尽早地开始研究工作，研究与实践应同时进行，相互补充、相互影响。

(2) 开始研究时不要去想更大的任务或工作结果，而是关注眼前，一点一点地完成正在做

的事情。

(3) 在二级研究中要有选择性地阅读，选择有权威性或官方的资料，在运用网络资料时注意它的真实性(百度百科、百科维基等类型网站中的资料不可以引用，因为它们可以修改)。

(4) 记住你研究的目的，这关系到你所寻找什么样的资料，有目的地进行资料的收集。

(5) 在阅读资料时应随时做好记录或笔记，以免以后运用时有所遗漏。

(6) 对阅读记录和笔记做好整理，找到适合自己的资料管理系统。

(7) 阅读资料后，要善于把相关的资料进行链接和联系。

(8) 在研究过程中，随时记录自己产生的想法。

(9) 在研究过程中，要不断地问自己问题，并尝试去回答。

(10) 从一个微小的角度思考问题要比以庞大的角度思考这个问题更好。

(11) 论述时避免主观性，以尽量客观研究的形式进行表达。

(12) 论述时避免空洞和流于表面的言语，而是要有内容、有含量、有自己的独特观点。

(13) 要懂得利用研究和证据来支撑自己的观点。

(14) 对研究工作要做好时间规划和阶段要求，有计划、有阶段任务地做好每一步。

(15) 写作和汇报的时间通常比预估的时间要长，因此要预留出充裕的时间。

(16) 不要拖延或推迟，着手开始行动，高效投入才能得到想要的研究成果。

(17) 要时刻清楚自己想要的研究成果，在研究过程中要不停地回顾以避免研究方向走偏。

(18) 在学术论文中，要定义你会在论述中用到的术语和情景，使人更加清晰地理解你研究的内容与背景。

第5章

产品设计规划的
具体内容与调控手段

主要内容：详细阐述产品设计规划的具体内容，包括产品设计战略的相关概念、产品设计规划的系统性、产品的生命周期，并具体展开产品设计规划的调控手段，包括产品设计过程控制、产品各个环节的成本核算、撰写产品设计规格书等。

教学目标：通过本章的学习，使读者了解与掌握产品设计规划的具体内容和调控手段。

学习要点：对产品设计战略、产品设计规划的系统性、产品设计过程控制的理解。

Product Design

产品设计规划是运用科学合理的方法,依据现有的条件与调研结果,考虑到产品的生命周期和外在动态形势,整体制订产品开发计划、任务、目标和长远规划。产品设计规划贯穿整个产品的开发过程,各个方面的工作相互联系、相互影响,共同完成最终目标,是成功开发新产品的关键。产品设计规划通过调查研究,在了解市场、了解客户需求、了解竞争对手、了解外在机会与风险及市场和技术发展态势的基础上,根据公司自身的情况和发展方向,制订出可以把握市场机会,满足消费者需要的产品的远景目标及实施该远景目标的战略、战术的过程。

因此,产品设计规划的内容和调控手段包括产品设计战略、产品设计规划的系统性、产品的生命周期、产品设计控制过程、产品成本规划等内容。

5.1 制订产品设计战略

5.1.1 什么是产品设计战略

战略(Strategy)一词,原指军事上的计划,后来引申到专为某项行动或目标所拟定的行为方式,它最早来源于希腊文Strategos,是指统帅军队的将领,就如同一幅道路地图或一个组织从现行的事务状态到一个未来想达到的状态的指导方针。

对企业而言,战略是企业根据环境与竞争的动势而制订的计划,引导企业经营的方向,合理地分配资源,以达成企业长期发展的一种方式。阐明正确有效的战略将使公司的长期利润达到最佳化,并提高企业的竞争力与生存力。因此,企业在外部竞争激烈的环境下,结合自身的优势,研究出适合企业的谋略和方针,发展可以应对外界挑战的路径和方向。

目前,企业竞争愈加激烈,怎样长期发展,加强企业竞争力与生命力是共同的课题,由此对产品设计战略的研究也越来越重视。现今产业环境中,越来越重视创新能力,重大的创新可能会影响企业成败甚至是产业兴衰,而如何维持企业的创新能力并展现创新构想的质量,进而成功进入市场,皆取决于良好的产品设计战略的引导。在功能上,产品设计战略与企业战略相辅相成,且可视为企业战略重点之一。正确的产品设计战略,方能使设计准确规范产品程序与提升竞争力,以应对市场的诡谲多变、消费者喜新厌旧的心态需求与科技不断更新等环境因素变化,并且厘清产品间的差异化。

产品设计战略的目的在于用"设计语言",挖掘相关设计主题的"内层结构"或"核心",以表现公司独特的意象;建立能应用到所有产品系列的造型控制要素;建立公司竞争力上有力的技能视觉的基准,并能适应世界市场需求与技术发展的互动,具有适应技术、法规改变及市场压力等的弹性与开放度。

对于设计战略的定义,将其整理如表5-1所示。

表5-1 设计战略的定义

学者	设计战略的定义
Mozota(1990)	是设计师将由管理所获取的资源予以分配,以塑造公司定位的可视化
Kasten(1996)	是经由产品设计以获得竞争优势的一系列行动计划,而此战略由设计群使用
Olson et al.(1998)	是有效能地分配与协调设计资源和行动以完成公司的目标
陈文印(1996)	是公司设计人员创新产品构想的指针,帮助设计产品/产品系列、服务与沟通传达,以适应未来市场、技术、发展与应用等环境趋势
何明泉(1997)	透过外部环境(市场及产业)与组织内部(气氛、资源、构架及程序等)的分析,对在新产品开发设计决策的过程中所提出一系列明确的设计工作指导方针
张文智(1998)	是设计行动展开之前,对特定产品的所处环境仔细地分析比较后,所决定采取的方案
李新富(1999)	可视为针对企业战略而产生的设计理论与做法,以反映未来市场营销与技术进步的动向,是企业适应市场、技术等环境趋势,决定设计目标与方向,评估设计因素与资源所做的综合应用,旨在作为企业设计人员或设计事务可依循的指针,同时也用于协助产品、传达、环境、识别设计的规范准则
刘国余(2004)	是在设计活动开展前,企业为确保设计成功而对特定产品所处的环境进行评估分析后,对设计活动所提出的一系列明确的指导方针
邱文顺(2007)	设计战略为处理设计有关问题的方法,从设计工作者层面、产品层面及新产品开发等层面提出设计战略定义,探讨设计战略生成与功用的目的

根据以上国内外对设计战略的定义,可分为资源的分配与协调、品牌与公司定位、创新产品构想的指针、结合内外部环境而制订的工作方针等方面,由此可以看出设计战略的内容及意义。"战略(Strategy)"就是"方法(Way)"。设计战略本是设计开发的方法。根据先行研究,设计战略是构成企业经营战略的一部分。企业通过设计战略提高产品开发能力、市场竞争力、企业形象。设计战略是随着各企业的情况做出的设计部门的长期计划和方法。设计战略是对设计部门的发展计划,也是对设计准则与方向性的要求,一般包括产品设计战略、企业形象战略、营销战略及经营设计战略等概念,尤其是与其中的经营战略的关系很密切。从设计战略的观点来看,企业达成目的的方法多种多样。

产品设计战略对于企业有着重要的实际意义,是企业应对复杂激烈的市场竞争的指导方针,是企业经营活动的核心,所有的工作都围绕着这个核心来开展。目前,新产品的更迭不断加速,企业之间的竞争活动也更加频繁,那么企业长期稳定的发展是需要重视的问题,需要制订具有针对性的战略方针,因此战略管理是目前企业重视的管理方式。一般来说,战略管理包括战略制订、战略实施、战略评价三个阶段。战略制订分析环境企业的内外部环境并且明确企业的目标;战略实施是关键,切实地进行贯彻实施才能使计划实现;战略评价使企业及时发现不良因素并及时避免及抓住经营机遇。

5.1.2 产品设计战略的目的

产品设计战略的目的是设计战略的意义与主旨的具体化。战略的目的必须从"我们是什么,要成为什么,应该达成什么?"出发。目的应该含有企业对未来的明确展望。设计战略的目的是规定企业里的所有设计活动的总负责,决定企业的行为方向。

设计战略最基本的目标，或者说现实目标是提高产品的竞争能力，核心目标是优化品牌形象，最终目标是提高企业的竞争力、自生能力，同时避免核心能力降低，使企业在最终激烈的市场竞争中获得高额利润，最终战胜竞争对手。

与设计战略目标紧密相关的有定量指标与定性指标。定量指标包括品牌价值、投资利润率、市场占有率等指标；定性指标有品牌形象、企业形象、产品形象等指标。

5.1.3 产品设计战略的主要作用

产品设计战略是系统性的企业战略的构成要素，产品设计战略必须符合整体企业的战略。企业要通过产品设计管理进行多方面的研究，从而建立正确的产品设计战略。产品设计战略在企业的发展中发挥以下的重要作用。

第一，产品设计战略使设计师按照企业经营战略设定设计的目的与方向。

第二，在选定消费者价值的"产品的构想阶段"中，产品设计战略秉持企业的设计计划。在提供消费者价值的"生产阶段"，把产品设计战略作为生成产品价值的基准。在传达消费者价值的"市场营销阶段"，产品设计战略通过广告设计战略、媒体设计战略、在场体验设计战略等秉持新产品的市场营销，实现消费者价值。

第三，设计是许多功能的相互交叉过程，需要综合性研究开发等多方面的因素。产品设计战略需要发挥通过设计把企业的许多价值链联系起来的作用。产品设计战略需要整合企业的设计性资源与创造消费者价值的其他资源。设计通过这些过程才能发挥其力量。

第四，促进各部门之间的沟通是产品设计战略的重要功能之一。设计是许多功能的互相交叉过程，目前设计已经成为构成产品最重要的要素。因此，企业里的各部门和设计部的合作越来越重要。

5.1.4 产品设计战略的分类

依据美国哈佛商学院的教授波特的三大战略，产品设计战略主要分为成本主导战略、设计差别化战略、集中战略三种类型。

成本主导战略对于那些首先把自己的竞争优势放在高科技上的企业很适用。这种技术驱动型发展创造的设计定位接近于研究开发，其设计的方向是以产品功能为主的。该战略的目的是进行技术创新，提高生产效率，降低生产成本，从而保持技术的领导力。

设计差别化战略适用于那些把自己的竞争优势放在市场营销力和形象质量上的公司。该战略的重要方面是公司的品牌定位和市场份额，即通过企业形象与品牌的质量来提高企业的市场份额。设计差别化战略必须增强所选的市场定位，在竞争环境中改善它们，从而在形象方面保持领导力。

集中战略适用于那些专注某个细分市场的公司。它们的竞争优势在于领导性地理解某个特定的市场，帮助企业定位成吸引某类用户的专家设计，因此用来增强这种领导力。

产品设计战略根据实际情况又可以细分为以下五种：

1. 成本驱动战略

成本驱动战略是指企业倾向于用最低的成本来提高利润，使企业在竞争中占有优势地位，以此为目标而进行的一系列方针。技术驱动战略创造出的设计定位类似于研发。它的设计也会受到产品设计的驱动，而且得到用户界面与环境设计的支持。成本驱动战略需要设计师在产品设计过程中考虑到降低成本的方法，如采用新技术、新材料或是创新设计。

2. 产品结构优化战略

产品结构优化战略，是指企业根据市场的需求和经营战略目标，对其生产和经营的全部产品类别、品种和档次等所构成的有机整体的优化。产品结构优化战略包括如下内容。

1) 产品种类结构优化战略

当企业原有的产品结构不再能使企业获得利益，往往采取增加产品大类的战略，改变单一经营的形式，实行多角度的经营。

2) 产品品种结构优化战略

产品品种结构优化战略包括新老产品、老产品与老产品、新产品之间特殊型产品结构的优化。产品单一者属于单一型结构，产品种类、规格多的属于多品种结构。各个企业各类产品的特色和比重各有不同，又构成不同的品种结构。

3) 产品技术结构优化战略

产品技术水平可分为高级技术、中级技术、低级技术。企业的产品如果高级技术水平的所占比重大，或全部是高级技术水平的产品，即属于高级技术产品结构；如果中间技术水平产品比重大或全部是中间技术产品，则属于中级技术产品结构。目前的竞争局势要求注重发展高新技术产品。

方向结构优化是指企业各种不同生产方向产品结构的优化。从产品在投资、劳动力和技术上要求的不同，可分为技术密集型、劳动密集型和资金密集型等产品结构。方向结构优化是倾向于技术密集型与资金密集型的优化。

3. 产品质量战略

产品质量是企业提高竞争能力的重要支柱。企业应以质量开拓市场、占领市场，因此，产品质量战略是产品设计战略中的一个重要组成部分。产品质量战略是指对企业质量目标、质量标准、质量控制、质量体系等进行谋划，包括质量管理战略和质量控制战略。

1) 质量管理战略

质量目标是企业根据总体经营战略的要求，规定在一定时期内在质量方面所要达到的成果，包括中、长期目标。按照预期成果的特点，质量目标可以分为突破性目标和控制性目标。

突破性目标，是指企业为打破和超过现有的产品质量水平而制订的质量战略目标。企业在下列情况下，可制订突破性目标：希望获得并保持本企业在产品质量上的领先地位；为了抓住有利的市场机会，使企业在质量上战胜竞争对手，以获得较高的盈利；产品销售出现明显危机，顾客投诉及退货情况严重，企业形象受损；通过改进某种质量可提高生产率，减少废品损失、返修损失和检验费用。

控制性目标，是指企业为了使生产质量保持现有水平，或者为了使实现不久的突破性目标得以稳定而制订的质量战略目标。企业在下列情况下可制订和执行控制性目标：目前企业的产品已具有较强竞争力，销售情况良好；搞清实现质量突破是不经济的，投入的费用不能得到回报；当实行质量突破的时机和条件尚不成熟时，实行控制目标可以减少不必要的风险。

2) 质量控制战略

质量控制是企业为实现有关质量目标而进行的调节管理过程。质量控制贯穿于企业生产经营活动的全过程，包括以下五项基本的工作：产品设计质量控制；进厂原材料质量控制；生产过程质量控制；销售和使用过程中的质量控制；围绕企业质量控制中的关键课题开展专题研究。对上述各项工程中涉及全局的长远的重大问题进行谋划，就是质量控制战略。

4. 品牌战略

品牌(Brand)一词来源于古挪威文字Brandr，意思是烙印。人们用这种方式标记在自己的工具和牧畜上，以表示所有权，与他人的财务区分开。随着社会的发展，"品牌"一词的含义在不断地丰富与延伸，品牌即产品(品类)铭牌，是用于识别产品(品类)或是服务的标识、形象等。更深层次的表达是：能够做到口口相传的牌子才称得上品牌，品牌是一个建立信赖关系的过程(路长全《切割营销》)。

现在品牌的概念已被广泛用于设计战略中。从品牌的概念可以看出品牌战略是设计差异化战略，它的目标是使企业的产品在设计、性能、工艺、款式、顾客服务、品牌等方面，与其他企业的产品有差异性和独特性。品牌战略中最重要的内容是品牌定位和市场份额。品牌形象对于企业来说非常重要，它不仅是产品的外在造型与功能上的标志，还蕴含了企业内部的文化与理念，一个长期稳定发展的企业，它的品牌形象大多给人印象深刻，所以一个好的品牌同时也是一个好的广告。市场战略要根据形势的变化生成新的市场定位，使企业的品牌形象更加促进产品的经营，保持企业的领先地位。

MUJI无印良品的产品类别以日常用品为主(见图5-1)。产品注重纯朴、简洁、环保、以人为本等理念，在包装与产品设计上皆无品牌标志。无印良品致力于提倡简约、自然、富有质感的现代生活哲学，提供给消费者品质优良、价格合理的生活相关商品，不浪费制作材料并注重商品环保问题，以持续不断地提供给消费者具有生活质感且丰富的产品选择为职责。

图 5-1　无印良品的产品

"为大多数人创造更加美好的日常生活"是宜家公司自创立以来一直努力的方向(见图5-2和图5-3)。在品牌策略上，宜家极少投资于广告，宜家品牌的真正核心是让顾客成为品牌传播者，而非硬性的广告宣传，是采用一体化品牌模式的品牌，即拥有品牌、设计及销售渠道。

因此，对于产品设计的研究其中一个重要的部分是品牌研究，特别是经久不衰的设计，一般都有其产品背后的品牌文化作为强大的支撑。品牌的影响力在长期的产品市场竞争中显现得更加明显，关系到企业的持续性发展。

图5-2 宜家设计1

图5-3 宜家设计2

5. 跨文化设计战略

当今，国际交流日益频繁，各国家各民族的文化也在交流中互相影响，但由于文化背景的差异、语言的不同、思维方式的不同等原因，在交流中会出现文化误读的现象，而跨文化设计可以使本土的文化以其他文化地区可以理解和接受的形式呈现出来。

根据阿德勒的观点，跨文化设计模式主要有如下三种。

1) 互相依存式

互相依存式，即同时保留本土和东道国文化的跨文化设计，两种设计文化互相依存，相互协调，相互补充。

2) 灌输占领式

灌输占领式，即将本土设计文化强行注入，较少甚至没有考虑到东道国设计文化，这种模式一般适用于双方议价权利对比悬殊，并且东道国能对本土设计文化完全接受的情况下采用。

3) 融合创新式

融合创新式，即本土设计文化与东道国设计文化进行有效的整合，通过各种方式促进不同的设计文化相互适应和融合，从而构建一种新型的设计文化。

以上三种跨文化设计模式各有其适合的背景，在进行跨文化设计时，应充分了解本土设计文化和国外文化设计的特质，选择适合的跨文化设计模式。

跨文化设计对于国际企业的发展尤为重要，跨文化设计战略也成为设计战略的一项内容。跨文化设计战略需要设计者深入了解文化内涵，加强多种文化的沟通且寻找差异，并寻找到使文化设计本土化的方式，做好文化的整合设计。

案例一：通用汽车公司的产品设计战略与战略重组

通用汽车公司从1908年开始创立，经历过破产重组后重新发展起来。2010年初，通用汽车公司公开表示今年自2005年以来实现扭亏为盈，并在6月之前偿还所欠美国财政部和加拿大政府的数十亿美元的贷款。通用汽车公司所采取的产品设计战略是"汽车平台"。所谓"汽车平台"，就是利用基本相同或相似的底盘和车身结构，同时承载不同车型的开发及生产制造，生产外观造型、功能不尽相同的产品。

通用汽车公司前总裁斯隆曾经提出"不同的钱包、不同的目标、不同的车型"战略，这一战略为当时通用汽车超越福特成为最强大的汽车生产制造商奠定了基础。随着时间的推移，到2005年，通用汽车在全球已经拥有8个品牌、89个型号。

通用汽车公司旗下的轿车和卡车品牌包括：别克、凯迪拉克、雪佛兰、GMC、悍马、欧宝、庞蒂亚克、土星等。在一些国家，通用汽车的销售网络同时还销售通用大宇、五十铃、富士(速波)和铃木制造的汽车产品，如图5-4所示。

图5-4　汽车品牌

这样的品牌产品体系无疑更多满足了细分市场的需求。同时通过兼并、收购、整合等方式，通用汽车公司成为庞大的汽车公司。但是另一方面，就品牌而言，这一庞大的产品体系也开始导致生产营销成本的增加。与此同时，作为跨国公司的通用汽车公司并没有对品牌和产品进行强有力的整合。简单说，重组前的通用汽车公司在全球范围内还是一个由各自为战的全球子公司组成的松散联盟。

而同一时间，与通用汽车相比较，丰田只有3个品牌、26个型号。因此，业界认为品牌产品体系庞杂是导致通用汽车公司金融危机中破产重组的主要原因之一。之后，通用汽车公司对旗下品牌进行了大刀阔斧的出售精简。与此对应的是，除了在客户端显而易见的品牌精简更新，通用汽车公司内部对于产品平台的全球化的大力整合早就已经开始。

5.2 产品设计规划的系统性

5.2.1 系统的思想

"系统"的思想源远流长,但作为一门科学的理论学科——系统论,则是由贝塔朗菲创立的。System一词,来源于古希腊语,是由部分组成整体的意思。随着人们对系统论思想理解的深入,系统被用于各种科学领域内,系统的概念也随之扩大和延展,现在人们从各种角度上研究系统,对系统下定义不下几十种。其中,中文解释也有很多,如体系、制度、方式、秩序、机构、组织等。目前对系统的概念定义为:由若干要素以一定结构形式连接构成的具有某种功能的有机整体。在这个定义中包括系统、要素、结构、功能四个概念,表明了要素与要素、要素与系统、系统与环境三方面的关系。

系统论的核心思想是系统的整体观念。系统真正作为科学概念进入各学科领域是20世纪20年代以后。20世纪40年代,美国在工程设计中应用了这一概念。到20世纪50年代以后,系统概念的科学内涵逐步明确和延伸,在许多科学领域都运用了系统论的思想,就是从整体上、实质上去把握事物。一般认为由两个以上的要素组合形成具有一定结构的整体,就可以看作一个系统。

在设计领域中,乌尔姆设计学院理性设计教育体系的形成,主要是它对系统设计教育思想的引入和建立。"系统设计的潜台词是以有高度次序的设计来整顿混乱的人造环境,使杂乱无章的环境变得关联和系统。"系统设计是继科学概念的引入之外,乌尔姆设计学院最重要也是最为标志性的教育理念的提出。此后,系统设计在产品设计领域广泛应用。图5-5和图5-6为乌尔姆设计学院的杯具和家具设计。

图5-5 乌尔姆设计学院的杯具设计

图5-6 乌尔姆设计学院的家具设计

5.2.2 产品设计规划系统性的具体表现

产品设计是人类创造性的活动,产品是创造活动的产物。产品设计作为一种兼具感性与理性的学科,本身就具有系统性,因此,在产品设计规划中也体现了系统性。具体表现在以下几个方面。

1. 产品的系统性

产品是以为人们服务为目的而存在的,它本身是由若干个相互联系的要素构成的集合体,每一个产品都是一个系统的具体呈现,包含从本身材料、结构、工艺等因素的相互影响制约因素到社会、文化和经济背景等因素影响下的产品决策,都体现了多重因素的相互依存和制约。我们发现,许多产品都是以系列化的形式存在,这就是产品系统性最好的体现。一件作品是一个系统,那么一个系列产品就是一个多级系统,系列产品的出现有着现实意义。

1) 满足多元化需求

系列产品的开发是提高市场竞争力的重要策略,即增加产品的覆盖面和提高产品的适应性。当今市场日益朝着多元化方向发展,多种需求和个性化消费日趋成为主流。在这种形势下,系列产品以其多变的功能或要素的组合方式,构成丰富的产品系统,适应多极化的市场格局、需求的涨落及产品生命周期的变化,强化了商品的竞争力。

2) 简化生产方式

系列产品的各个零件系统化、通用化,大大减少了生产的程序,可能满足使用一套设备或一条生产线,按照固定的顺序生产一种或少数几种类似的产品。这样的产品生产灵活性强,效率高。

2. 设计过程的系统性

从之前介绍过的产品设计程序可以了解到产品设计是一个由多个步骤和部分组成的集合体,每个步骤的分解又是该步骤系统的组成元素之一,它们相互作用、相互依赖,为了达到统一的目的而结合成有机的整体。传统的设计思想主要依靠设计师的经验和情感,然而随着各个学科的发展和多种学科的交叉,产品设计越来越趋向于交叉学科,并且科学技术在产品设计中体现得越来越明显。产品设计的概念也在不断调整,现代的产品设计已将对象事物当作一个整体的系统加以认识和研究。也就是说,产品设计是一种综合性的方法系统。

因此,我们要建立这样一个观念:产品设计是一个过程系统,而且从属于更大的系统。这一观念的意义在于:将改变产品设计概念局限于单纯的技能和方法的认识,而将产品设计纳入系统思维和系统操作的过程。将设计的概念从实物水平上升到复杂的系统水平。这与当前科学技术和社会发展是相适应的。

3. 企业内部组织的系统性

一个企业内部本身的组织结构就是一个系统。企业组织架构是企业的流程运转、部门设置及职能规划等基本的结构依据,常见的组织架构形式包括中央集权制、分权制、直线式及矩阵式等。无论是哪种结构模式，它们都是多层结构多级系统的构成形式，在这个系统里最小的单位便是每一位员工，他们是同级或是上下级的关系。每个层级、每位员工之间及时而有秩序地沟通，相互依存，也是目的统一的有机整体。

4. 商业产品的系统性

商业产品是指通过一系列的产品设计和商业策划等过程，可以投入市场的产品。当产品投入市场，它就已经归属于商业市场的系统里，也就是说产品的开发、生产与流通、消费可以看成不同的系统，前者属于创造价值的系统，后者属于实现价值的系统。产品的流通和消费的系统庞大复杂，在产品设计规划时要充分考虑到这个系统，扩大市场的销售途径和领域非常重要。

5.3 产品的生命周期

产品的生命周期和设计战略休戚相关，产品不同，其生命周期和设计战略也不相同，甚至一个产品在它不同的生命时期，所运用的设计战略也不相同。因此，了解产品的生命周期是制订产品设计战略的基础。

5.3.1 了解产品的生命周期

每个产品都有其生产使用的生命周期，随着企业间竞争的激烈，科学技术的进步，人们需求的多元化，新产品出现的速度迅速增强，产品更新换代的速度也在加快，企业面临着更多的挑战和危机。在信息时代，企业要不断学习，防止思想和技术上的停滞和落后，在挑战中找到新的机遇。

产品的生命周期因产品而异。例如，时装是更新较快的产品，而家具和汽车的生命周期相对较长。相同的产品，在不同的国家和地区其生命周期也不尽相同，这受当地的经济、政治和文化等因素的影响。而且，对于不同用户群，同类产品也会采取不同的生命周期。例如，年轻人所用的产品生命周期相对短，而中老年人所用的产品生命周期相对长。尽管产品的生命周期不尽相同，但是任何一个产品从其销售量和时间的增长变化来看，从开发生产到形成市场直至衰退停产都遵循一定的规律，一般把一个产品从投放市场开始到退出市场为止，整个过程称作产品周期。

产品的生命周期是企业和市场经营中至关重要的课题，在进行新产品开发设计时，必须充分考虑产品周期，如图5-7所示。

产品的生命周期一般可以分为开发期(企业内部进行的开发研究)、导入期(开始投放市场)、成长前期(被市场认可)、成长后期(与市场竞争)、成熟期(市场饱和状态)、衰退期(被市场淘汰)几个时期。每个时期都有各自的特点和工作内容，分别如下。

图5-7 产品的生命周期

1. 开发期

开发期是投资时期,没有利润。这个时期大致分为设计阶段、评价阶段(评价设计,研究和开发课题阶段)、研究阶段(进行技术可行性论证阶段)、开发阶段(进行生产可行性论证阶段)、商品化生产阶段(进行市场测试,决定商品出售并做好销售准备阶段)5个阶段。

2. 导入期

导入期也称为市场开拓期或市场开发期。由于产品尚未被市场认识,因而产量、销量均小,企业开工率低,产品成本高,价格高,投资大,常出现赤字,即使有利润也很低。

3. 成长期

成长期也称为竞争期或不安定时期。这个时期产品大批量生产,成本和价格大幅度下降。研究费、设备投资及初期的开发费在这个时期得到补偿。但是,由于有更多的企业生产同类产品,市场竞争日趋激烈,企业为了促销,投入的费用又重新增加,导致利润开始下降。

4. 成熟期

成熟期也称为饱和期。市场基本饱和,由于竞争激烈,价格下降,利润也随之下降,在这个时期经过激烈的竞争,只留下少数的企业,因此,出现占有率上升的倾向。

5. 衰退期

衰退期也称消失期或陈腐化时期。这是由于替代商品的出现和消费者生活习惯的变化等原因,需求逐渐减退。企业开工率低,利润越来越少,广告宣传及各种促销活动几乎无效果,市场占有率急速降低。产品一旦进入衰退期,企业如果没有新的产品推向市场的话,将会陷入困境。

企业要长期持续性地发展,就要充分了解这个时期的特点,充分认识现在生产的商品所处的阶段和面临的危机,不断地开发新产品,储备新产品,以新的主力产品替代衰退产品,确保在竞争中取胜。

5.3.2 产品的生命周期与产品设计战略

长期持续性发展的企业一般都有以下特点：有计划、有组织地对企业的产品进行规划和开发；在满足现阶段需求的基础上，着重研究未来产品，积极发现新的机会；企业创新力、执行力强，并且企业内部充满活力，有很好的企业环境和文化。这些都属于企业为了发展制订的一系列战略，其中产品设计战略是核心。

产品的生命周期是产品从开发到结束的整个过程，产品设计战略制订必须要结合产品的生命周期，认识到产品在每个阶段的状态和问题，能够准确掌握产品所处的阶段，在此基础上确认产品在市场中的地位，并结合本企业的实际情况做出相应的战略措施。

在产品生命周期的各时期，产品设计战略可以做如下举措。

(1) 开发期：准确地把握市场和消费者的需求，迅速做出开发提案和企业化的决定等，尽力缩短产品开发的时间。

(2) 导入期：尽快让人们认识产品，广泛进行宣传，以促进销售。

(3) 成长期：进一步宣传产品，提高产品和品牌的认知度，扩大产品的销售途径，确保在市场中抢占先机。在成长后期要制订产品差别的对策(如质量设计、技术服务等)、价格对策，改进质量，增大效用等。

(4) 成熟期：这个时期以更新换代为主，即使降低价格也不能促进需求，可以对产品进行改进，注意发现和创造新用途并改进质量，开拓新市场和新的顾客层。

(5) 衰退期：要进行降低成本、调整促销方法、减少产品的产量等措施。

5.4 产品设计过程控制

5.4.1 什么是产品设计过程控制

产品设计过程控制是企业产品设计规划中重要的组成部分。控制系统论认为因外界不确定性和干扰因素的存在，系统在进展中出现偏差难以避免，如果不进行控制，系统将难以按照预定计划运行。控制是为确保系统按照预定目标，对系统的运行状态和输出跟踪观测，并将观测与预期目标进行比对，如有偏差及时加以纠正的过程。

设计控制是管理者希望设计成果符合所设目标或团队绩效匹配目标，在设计活动中通过对设计效果、进度、成本等进行控制，来协调设计团队和资源，改善绩效，实现项目组织目标的管理过程。设计控制涉及控制的目标、控制的主体、控制的对象及控制的方法手段。

控制的目标是产品设计与开发的目的，满足企业、客户或使用者的需求；控制的主体可以是项目投资方、设计主管、项目经理等；控制的对象是整个产品设计与开发的所有活动；控制的方法手段是产品设计过程控制中运用的方式和方法。

产品设计过程控制需要提前明确它所控制的范围，制订相应的规则，并对控制的目的和方法进行评估，这样做可使产品设计过程控制发挥最大的作用，更好地确保产品设计过程按照原先的计划有秩序地进行。产品设计过程控制贯穿整个产品设计与开发的全过程，在每个阶段都有其控制的内容。表5-2为某开发设计项目计划与控制文件的内容，从中可以看出计划与控制在产品设计过程中的关系。

表5-2 项目计划与控制文件的内容

项目	计划相关	控制相关
目标控制	设计任务书、计划书	项目简报、需求评估报告
范围控制	招标文件、商务合同、项目结构分解、活动列表、过程记录、流程规范	项目交流报告、问题答疑、变更和修改、商务补充合同、项目竣工(验收)报告
技术支持控制	市场调查、设计行业技术规范、设计算法、制造方法、施工工艺、前期规划	技术资料信息库、配置管理、影响报告、试运行报告、竣工图纸
进度控制	网络图、甘特图、关键日期、里程碑时间计划、水平波动甘特图	进度报告、修订后的甘特图、时间赢得值、趋势进展文件
采购控制	材料与采购清单、采购进度、材料需求计划、采购预算	材料订单、催交状态报告、修订后的采购进度与预算
资源控制	资源预测、资源的可用性、劳动力资源直方图	时间表、资源利用现状、修订的劳动力资源直方图
成本控制	成本结构分解、活动预算、现金流计划	实际与计划比较、已支付成本和项目完成成本、修订的预算、成本赢得值
变更控制	明确定义、对需求进行评审、找出不正确的地方并进行修改	项目沟通、影响报告、不合格报告、变更需求和协调书、修改和变更、合同的补充、图纸的修订、规范与配置修订
质量控制	项目质量计划、质量控制计划、部件列表和规范	检查报告、不合格报告、协调书、变更请求、试运行、施工图纸、竣工图纸、数据资料和操作手册
沟通控制	沟通文件、会议和日程安排	送审程序、会议纪要
人力资源控制	项目组织结构、责任矩阵、工作分配、工作程序	设计师甄选、设计顾问任命、考勤表、绩效评估
环境控制	法律和法规、环境问题、利益相关者分析	综合环境评价报告

5.4.2 产品设计过程控制的程序

产品设计过程控制是一个有计划的管理行为，每项内容与程序都需要提前规定，企业会根据实际情况制订适用的产品设计控制程序。产品设计控制的目的、范围、职责、工作程序、相关文件、相关记录是整个产品设计过程控制需要明确和执行的，是产品设计成功的一个重要保障。以下内容是产品设计过程控制的具体细则和要求。

1. 目的

对设计和开发全过程进行控制，以确保所设计产品的质量满足客户和有关标准、法律法规的要求。

2. 范围

本程序规定了设计和开发的策划、输入、输出、评审、验证、确认及更改的控制要求,适用本公司各类产品设计的全过程,包括产品的重大技术改进。

3. 职责

(1) 总经理负责批准设计项目,技检副总经理组织协调设计和开发全过程的工作。

(2) 技术部负责设计和开发计划书、设计输出文件、评审验证报告等的编制,样品的制作及整个设计工作的实施。

(3) 市场部负责提供市场调研报告,提出对新产品的设想与要求,并负责新产品的试用安排。

(4) 采购部负责样品及试制所需零部件的采购。

(5) 生产部负责批量试制(试产)的安排。

(6) 质检部负责产品鉴定报告的编制,样品及试制产品的检测。

(7) 相关部门负责各自范围内的配合工作。

4. 工作程序

1) 设计和开发的工作流程

在项目开始阶段,需要制订该项目设计和开发的工作流程,以及每个部门之间的关系和部门负责人的说明。

2) 设计、开发的策划和输入

(1) 立项的依据、设计和开发的项目来源于以下两个方面。
- 与顾客签订的特殊合同或技术协议。
- 市场调研和分析。

(2) 技术部根据以上立项依据,组织编制设计和开发计划书,计划书应包括以下内容。
- 设计输入、设计输出初稿、设计评审、样品制作、设计验证、设计确认等各阶段的划分和主要工作内容。
- 各阶段的人员职责分工、进度要求、信息传递和联络方式。
- 需要增加或调整的资源(如仪器、设备、人员等)。
- 产品功能、主要技术参数和性能指标、主要零部件结构要求等。
- 适用的相关标准、法律法规,顾客的特殊需求等。
- 以前类似设计的有关要求,以及设计开发所必需的其他要求,如环境、安全、寿命、经济性等要求。

(3) 每个设计项目均指定具有合适资格的设计人员作为项目负责人,负责设计项目各项工作的开展。

(4) 由技术部组织相关部门对设计和开发计划书进行评审(保留评审记录),对其中不完善、含糊或矛盾的要求做出澄清和解决。

经技检副总经理审批后,作为正式文件予以实施,设计和开发计划书将根据设计进展的变化做出修改。

3) 设计输出

(1) 各组设计人员根据设计和开发计划书的要求开展各项设计工作，编制相应的设计初稿，包括指导采购、生产、检验等活动的图样和文件，如零件图、部件图、总装图、零件标准件外购外协件清单等，以及产品的技术标准、检验规范、加工工艺等。

(2) 输出设计文件由技术部经理审核，技检副总经理批准后，加盖"新产品"印章并注明有效期后发给相关部门。

(3) 技术部负责编制产品企业标准，规定产品安全和正常使用所必需的产品特性。

4) 设计评审

(1) 设计初稿完成后，由技检副总经理组织相关部门的代表(必要时可包括有关的专家、外部机构代表、客户代表)，对设计满足质量要求的能力进行正式的、综合性的、系统的检查评审，以发现和协商解决设计缺陷和不足。

(2) 设计评审的内容包括：产品的符合性、采购的可行性、加工的可行性、可检验性、结构的合理性、美观性、环境影响等。

设计评审对设计输出的适宜性、关键点及存在问题的区域，可能的不足做出说明。

(3) 同类产品外形改进及系列产品的补充，可免去本次评审。

(4) 技术部根据评审的内容和结果整理编制设计评审报告，做出评审结论。对存在的问题采取必要的改进并做记录。

5) 试制及设计验证

(1) 设计评审通过后，技术部根据相关的设计初稿制作样品，设计人员参与样品的试制。

(2) 由质检部负责对样品进行全面的性能测试，或送权威机构检测，检测后出具相应的测试报告。对于部分结构或功能，可将已经证实的类似设计的有关证据作为本次设计的验证记录。

(3) 根据样品检测结果，技术部对样品与设计和开发计划书的符合性做出验证结论。

(4) 经技检副总经理同意，由生产部在技术部配合下进行小批量试产。

(5) 质检部负责对试产的产品进行检验和试验，出具检测报告，并对工艺可行性进行验证。

6) 设计确认

(1) 小批量试产合格的产品，按规定的使用条件进行试验，或由市场部负责落实用户试用，试用后综合用户的意见，对产品的适用性及满意程度做出评价。必要时由技检副总经理组织召开新产品鉴定会。

(2) 新产品鉴定会需准备如下资料：设计任务书、试制总结报告、产品标准和标准化审查报告、用户试用报告、全套设计图样、使用说明书等。

(3) 新产品鉴定会可邀请外部有关专家参加，通过鉴定后编制新产品鉴定报告。

(4) 技术部根据试验报告(或用户试用情况报告)、鉴定意见，进行必要的设计改进，以确保设计的产品满足顾客的期望，所采取的措施要进行必要的记录。

7) 设计正稿

在设计评审和设计验证的过程中,各设计组逐步完善相应的设计文件。通过设计确认后,技术部将所有的设计输出文件整理成正稿,按受控文件控制程序的规定进行审批、发放。

8) 设计更改

(1) 设计过程中的设计更改由项目经理根据设计评审、验证、确认报告等指导原设计者进行更改,可在设计初稿上直接划改或更新初稿。

(2) 在产品定型后因下列原因进行的设计更改,由技术部相关设计人员填写文件更改通知单,并更改相关图纸资料。

- 图样存在设计或制图的差错。
- 改进产品结构,改善产品性能,延长使用寿命。
- 采用新技术、新材料,贯彻新标准。
- 改进工艺性,降低劳动强度。
- 在保证质量的前提下降低制造成本。

(3) 文件更改通知单经技术部经理审核,由技检副总经理批准后按受控文件控制程序的规定进行发放,确保相关部门、人员及供应商及时得到更改信息。

(4) 当设计更改涉及主要技术参数和性能指标的改变或者涉及安全、环保要求时,需进行设计更改评审。

记录评审的结果及采取的措施,并上报产品认证机构备案,产品认证机构对设计更改认可后方可实施更改;设计更改的评审内容需包括对产品部件和已交付产品的影响及处置。更改实施后须进行重新验证和确认。

5. 相关文件

受控文件控制程序的目的是对文件进行控制,确保在特定场所使用有效文件,并及时从所有发放或使用场所撤回失效或作废文件,防止这些文件被错用、误用,从而保证管理系统的有效运行。

6. 相关记录

(1) 设计和开发计划书(见表5-3)。

表5-3 设计和开发计划书

项目名称		起止日期	
项目来源		目标成本	
设计人员组成			
设计职责	设计人员	设计职责	设计人员

资源配备(包括新增或调配的人员、设备及设备经费预算)

(续表)

阶段划分(经过阶段在□中打勾)	设计人员	责任人	配合单位	完成期限
□设计输入及输入评审				
□方案设计及评审				
□图纸				
□设计验证				
□样品试验				
□设计输出评审				
□设计确认				
□型式试验				
□顾客试用(试用报告)				
□产品鉴定会				
备注				

编制：　　日期：　　审核：　　日期：　　批准：　　日期：

(2) 设计评审报告(见表5-4)。

表5-4　设计评审报告

设计项目名称		设计阶段	
设计输入参数和指标			
设计输出参数和指标			
评审内容：□内打P表示评审通过，打？表示有建议或疑问。 1. 标准符合性□　2. 采购可行性□　3. 工艺可行性□ 4. 可检验性□　5. 环境影响□			
设计的缺陷及改进建议			
评审结论			

(续表)

评审人员	工作部门	职务或职称	评审人员	工作部门	职务或职称

编制：　　　　　日期：　　　　　审核：　　　　　日期：　　　　　批准：　　　　　日期：

(3) 设计验证报告(见表5-5)。

表5-5　设计验证报告

设计项目名称		产品型号规格	
验证方法		样品试验	

验证过程记录

设计验证结论

验证人员：　　　　　签字：

备注

编制：　　　　　日期：　　　　　审核：　　　　　日期：　　　　　批准：　　　　　日期：

(4) 客户试用情况报告(见表5-6)。

表5-6　客户试用情况报告

产品/项目名称		型号规格	
数量		交付日期	
客户名称		使用日期	

客户试用意见

顾客方签字：　　　　　日期：

(续表)

设计部门处理意见	
签字： 日期：	

(5) 产品设计文件更改通知单(见表5-7)。

表5-7 产品设计文件更改通知单

产品型号		零部件图号		零部件名称	
		设计更改后图号			
更改理由				更改类别	
零部件验证单编号				实施日期	
更改前内容		更改后内容		通知部门	
				○质量管理部	
				○技术管理部	
				○发动机制造部	
				○整车制造部	
				○发动机研究所	
				○电器室	
				○生产技术部	
				○整车研究所	
				○检测中心	
				○机加工部	
				○涂装生产部	
				○设备工装部	
				○车架制造部	
				○配件部	
				○采购部	
				○计划调度部	
				○客户服务部	
				○发动机销售部	
				○摩托车销售部	
				○市场部	
				○国际贸易部	
已制品处理意见					
会签					
编制		校对		审核		批准	

5.5 产品设计、生产、销售成本核算

产品设计成本、生产成本与销售成本共同构成了产品成本。我们要了解与产品成本相关的概念，一是"费用"，二是"成本"。在会计学中，费用是指企业为销售商品、提供劳务等日常经营所发生的经济利益的流出。费用的发生有三个目的：一为取得当期收入而发生；二为制造产品而发生；三为以后期间取得确定收入而发生。而成本是指企业在生产经营过程中对象化的，以货币表现的为达到一定目的而应当或可能发生的各种资源的价值牺牲或代价。成本属于价值范畴，包括已耗生产资料的转移价值和支付给劳动者的劳动报酬，这两项一起构成成本价值的基础。具体到产品上，产品成本是指企业为生产一定种类、一定数量的产品而发生的各种耗费。

依据不同的需求和不同的角度，产品成本可以有多种不同的分类方式：按照管理及与产品数量的关系的观点，成本可分为可变成本、固定成本和部分可变成本；按照计入产品成本的方式可分为直接成本和间接成本；按照策略可分为策略成本和非策略成本；按照性质可分为可被精确量化的有形成本和很难或不能被量化的无形成本；按照成本发生的流程可分为设计(研发)成本、制造成本、销售成本、管理成本等；按照成本计算的方法区分，则有作业成本、标准成本、批次成本等。

5.5.1 产品设计成本

1. 产品设计成本的概念

产品设计成本是指企业设计一种产品，从开始到完成整个过程所需要投入的成本。实际上是企业在进行产品设计时，根据设计方案中规定使用的材料、生产工艺加工过程等条件计算出来的产品成本，它是一种事前成本，并不是实际成本，是对产品成本的预算。

产品设计成本就是提出不同材料、技术、工艺、装备、质量、性能、功用等方面的方案，并对它们进行评估和预测新产品在正式投产后的不同成本水平，这样对于新产品开发和老产品改造提供了重要的分析材料，目的在于论证产品设计的经济性、有效性和可行性。研究表明：一般情况下，在产品设计阶段所耗用的成本占整个产品成本的比例很少，而产品成本的80%都是在产品设计与开发阶段确定的，因此，产品设计成本的预测非常重要，使企业管理者直观地看到可能投入的成本，分析此产品开发所得到的效益，再决定是否投入或者进一步完善产品设计方案，提高可能性。图5-8直观地揭示了产品设计对产品成本的影响。

图5-8 产品设计对产品成本的影响

产品设计成本的高低主要取决于产品的材质、结构，零部件的材质及加工的难易程度。产品设计成本的测算方法有如下几种。

直接法：根据设计方案的技术定额来测算。

概算法：比照类似产品成本来概算。

分析法：通过新老两种产品在结构、用料、工艺上的对比分析，计算其差异成本，并进行增减调整，以求得新产品的设计成本。

2. 产品设计成本管理

那么怎样对产品设计成本进行管理呢？产品设计成本管理，主要是对各种产品设计概念的成本方案进行分析，从中选出最优的设计方案，并且在确定方案后，由会计人员和工程技术人员一起，考察分析相关产品的工艺特点、原材料耗费、消费者需求等，运用价值工程等方法优化设计方案，以达到控制设计成本的目的。

在产品设计工作中要依据产品设计规划，按照步骤和程序来推进设计的进程。其中要重视的是技术任务书、技术设计和工作图设计等提供具体设计要求和技术要求的文件。

(1) 技术任务书是产品在初步设计阶段，由设计部门向上级对计划任务书提出体现产品合理设计方案的改进性和推荐性意见的文件。经上级批准后，作为产品技术设计的依据。其目的在于正确地确定产品最佳总体设计方案、主要技术性能参数、工作原理、系统和主体结构，并由设计员负责编写。

(2) 技术设计的目的是在已批准的技术任务书的基础上，完成产品的主要计算和主要零部件的设计。

(3) 工作图设计的目的是在技术设计的基础上完成供试制(生产)及随机出厂用的全部工作图样和设计文件。设计者必须严格遵守有关标准规程和指导性文件的规定，设计绘制各项产品工作图。

产品加工阶段的产品设计控制主要是考察加工工时及生产工序设计是否合理。这些项目对成本水平的高低也有重要的影响,若产品的加工工序比较合理,则花费的各工序的结转费用就少,否则就会增加这方面的费用支出。制造技术部门负责确定制造工艺,当确定工艺方案后,应开展工艺成本的预测,并进行工艺成本定量分析。

在产品设计后期,还要对产品进行小规模生产。小规模生产阶段是对产品开发过程的整个系统(设计、详细设计、工具与设备、零部件、装配顺序、生产监理、操作工、技术员)进行测试,目的在于观察各个阶段的安排是否合理,并预测市场对产品的接受程度,再对产品进行完善和调整。

另外,产品的系列化、零部件的标准化和通用化、产品结构模块化也是简化产品设计成本的方法。产品系列化是针对使用条件相同、设计依据相同、结构与功能相同的产品,将其基本尺寸和参数按一定的规律编排,建立产品系列型谱,以减少产品品种,简化设计;零部件标准化和通用化是在产品系列化的基础上,在不同型号的产品之间扩大通用的零部件。产品结构模块化是另一种简化设计、减少零部件总数的设计合理化措施。它是将产品部件按功能特征分解为相对独立的功能单元,并使它们的接口(结合要素形状、尺寸)标准化,使它们成为可以互换、可按不同用途加以选用组合的标准模块。这些模块的不同组合,或模块与其他部件的组合就能构成各种变形产品,以满足不同的订货需要。

以上措施都是通过扩大产品结构的继承性来简化设计,提高设计工作效率,缩短设计周期,这都将给产品的设计、制造、使用和维修等带来显著的经济效益。另外,缩短新产品设计开发时间的技术和方法包括计算机辅助设计和并行工程等。计算机辅助设计将新产品设计开发过程中大量烦琐的重复性劳动,如插图、计算、绘图、制表等交给计算机来处理,从而大大地提高了设计开发的工作效率,缩短了新产品设计的开发周期;而并行工程则是在开发设计新产品时,同步地设计产品生命周期的有关过程,力求使产品开发人员在设计阶段就考虑到整个生命周期的所有因素,包括设计、分析、制造、装配、检验、维护和成本等。

5.5.2 生产成本

生产成本也称制造成本,是指生产活动的成本,即企业为生产产品而产生的成本。生产成本由直接材料、直接人工和制造费用三部分组成。直接材料是指在生产过程中的劳动对象,通过加工使之成为半成品或成品,它们的使用价值随之变成了另一种使用价值;直接人工是指生产过程中所耗费的人力资源,可用工资额和福利费等计算;制造费用则是指生产过程中使用的厂房、机器、车辆及设备等设施及机物料和辅料,它们的耗用一部分通过折旧方式计入成本,另一部分通过维修、定额费用、机物料耗用和辅料耗用等方式计入成本。

按照生产成本计入方式,生产成本可分为直接费用和间接费用两部分。

1. 直接费用

直接费用是指企业在生产产品的过程中所产生的直接材料费用、直接人工费用和其他直接费用。

1) 直接材料费用

直接材料费用是指企业在生产产品过程中所消耗的,直接用于产品生产,构成产品实体的原料、主要材料、外购半成品及有助于产品形成的辅助材料和其他材料费用。

2) 直接人工费用

直接人工费用是指企业在生产产品过程中,直接参加产品生产的工人工资及按生产工人工资总额和规定的比例所计算提取的职工福利费等。

3) 其他直接费用

其他直接费用是指企业发生的除直接材料费用和直接人工费用以外的,与生产产品有直接关系的费用。直接费用应当按照其实际发生数进行核算,按照成本计算对象进行归集,直接计入产品的生产成本。

2. 间接费用

间接费用是指不能直接计入各产品生产成本的有关费用,主要是指企业各生产部门为组织和管理生产而发生的各项间接费用,包括工资和福利费、折旧费、修理费、办公费、水电费、物料消耗、劳动保护费及其他制造费用。间接费用应当按一定的规则和方法计入相关产品的生产成本。

企业一定期间的直接费用和间接费用与产生的生产成本,企业应当根据实际情况,确定当期产品的单位生产成本。构成企业一定期间的生产成本总额,对于当期选择合理的成本计算方法,进行成本计算,按照生产成本的经济内容,生产成本可以分为如下几种。

1) 外购材料费用

外购材料费用是指企业为生产而耗用的一切从外部购入的原材料、半成品、辅助材料、包装物、修理用备件和低值易耗品等。

2) 外购燃料费用

外购燃料费用是指企业为进行生产而耗用的一切从外部购进的燃料。

3) 外购动力费用

外购动力费用是指企业为进行生产而耗用的从外部购进的各种动力。

4) 工资费用及职工福利费用

工资费用及职工福利费用是指企业应计入生产费用的职工工资及按照工资总额的一定比例提取的职工福利费。

5) 折旧费用

折旧费用是指企业所拥有的或控制的固定资产按照使用情况计算的折旧费用。

6) 利息支出

利息支出是指企业为筹集生产经营资金而发生的利息支出。

7) 税金

税金是指企业应计入生产费用的各种税金,如房产税、车船使用税、土地使用税。

8) 其他支出

其他支出是指不属于以上各项目的费用支出。

生产成本按经济内容进行分类，可以反映企业在一定时期发生了哪些费用，并且各个数额的多少体现了企业各个时期各种费用占全部费用的比重。

在市场经济条件下，企业要想获得利益就要尽量减少成本，增加销售收入，因此，生产成本控制是企业成本管理中极其重要的工作。

5.5.3 销售成本

销售成本是指已销售产品的生产成本或已提供劳务的劳务成本及其他销售的业务成本。销售成本包括主营业务成本和其他业务支出两部分，其中，主营业务成本是指企业销售商品产品、半成品及提供工业性劳务等业务所形成的成本；其他业务支出是指企业销售材料、出租包装物、出租固定资产等业务所形成的成本。

简单来说，销售成本的计算公式为：销售成本=工厂成本+销售费用。

销售成本通常来源于销售的结转。销售成本的结转有随销售随结转和定期结转两种做法。随销售随结转即在商品销售的同时结转成本，定期结转一般在月终一次结转成本。销售成本结转的方式有分散结转和集中结转两种。分散结转方式是按照库存商品明细账户逐一计算商品销售成本。这种方式计算工作量较大，但能提供每个品种的销售成本详细信息。集中结转方式是按照库存商品明细账户的期末结存数量乘以进货单价，计算出期末结存金额，然后按大类汇总，在商品类目账上算出销售成本，并进行集中结转。这种方式工作简化，但不能提供每一种商品的销售成本。

不同的产品，其销售成本有不同的核算方法，下面进行简单介绍。

1. 工业企业产品销售成本的核算

工业企业产品销售成本是指已售产成品、自制半成品或提供工业性劳务的实际成本。由于提供工业性劳务的成本计算程序较为简单，而自制半成品出售次数较少，在此仅以产成品为例说明工业企业产品销售成本的核算方法。产成品同其他存货的核算一样，可以按实际成本计价，也可以按计划成本计价。在产品种类不多的情况下，可按实际成本计价；如果产品品种规格较多，则按计划成本计价。

1) 产品按实际成本计价

产品按实际成本计价时，产品一般是分批生产形成的，同一类型的产品由于材料、人工费用的变动使其生产成本不同，从而导致其销售成本不同。根据财政部颁发的企业存货准则的有关规定，对于销售的产成品，其单位销售成本的确定方法与发出材料单位成本的确定方法基本相同，可以采用先进先出法、后进先出法、加权平均法、移动加权平均法及个别计价法确定。销售成本的计算方法一经确定，年度内不得随意改变。根据计算的结果，可进行如下会计分录。

借：主营业务成本
　　贷：库存商品

2) 产品按计划成本计价

产品按计划成本计价时，计算销售成本的原理与材料按计划成本计价确定发出材料实际成本的原理一样。当产成品入库时，"库存商品"科目借方登记已验收入库的产成品计划成本，产成品计划成本与实际成本的差异登记在"材料成本差异"科目。产品入库时,"材料成本差异"科目借方结转入库产品超支差,贷方结转入库产品节约差;产品销售时,按计划成本由"库存商品"科目的贷方转到"主营业务成本"科目的借方,同时计算销售产品应负担的成本差异,将产成品的计划成本调整为实际成本。其计算公式为:

$$产品成本差异率 = \frac{月初结存产品的成本差异+本月入库产品的成本差异}{月初结存产品的计划成本+本月入库产品的计划成本} \times 100\%$$

已销产品应分摊的差异额=已销产品的计划成本×材料成本差异率

公式中的分子应按差异的性质确定正负符号,实际小于计划为节约用"-"号,实际大于计划为超支用"+"号。根据计算结果,其一般账务处理如下。

① 产成品按计划成本入库

借:库存商品(计划成本)

  材料成本差异(节约记贷方)

 贷:生产成本——××产品(实际成本)

② 销售产品,结转销售成本

借:主营业务成本(计划成本)

 贷:库存商品(计划成本)

③ 结转销售产品应分摊的差异

借:主营业务成本(超支用蓝字,节约用红字)

 贷:材料成本差异(超支用蓝字,节约用红字)

例1 某工业企业库存商品月初结存计划成本为49 410元,本月入库产成品实际成本为114 800元,计划成本为105 500元。本月销售产成品计划成本为111 280元,"材料成本差异"账户月初借方余额为3 140元。要求计算销售产品应分摊的差异并作相关会计分录。

差异率=[3 140+(114 800-105 500)] ÷ (49 410+105 500) × 100%=8%

销售产品应分摊的差异=111 280 × 8%=8 092

借:库存商品   105 500

  材料成本差异   9 300

 贷:生产成本   114 800

销售产品,按计划成本结转销售成本时:

借:主营业务成本   111 280

 贷:库存商品   111 280

结转销售产品应分摊的差异时:

借:主营业务成本   8 903

 贷:材料成本差异   8 903

2. 商品流通企业销售成本的核算

商品销售成本是指已销商品的进价成本,即购进价格。由于商品的进货渠道、进货批量、进货时间和付款条件的不同,同种规格的商品,前后进货的单价也可能不同。除了能分清批次的商品可以按原进价直接确定商品销售成本外，一般情况下，出售的商品都要采用一定的方法来确定一个适当的进货单价，以确定商品销售成本和期末商品的库存价值，据以核算商品销售损益，客观地反映经营成果。现就商品流通批发企业和商品流通零售企业成本的核算分述如下。

1) 商品流通批发企业

商品流通批发企业一般按商品进价进行库存商品的核算，与工业企业产品按实际成本计价的核算原理相似，对于销售的库存商品，其单位销售成本的确定方法可以采用先进先出法、后进先出法、加权平均法、移动加权平均法、个别计价法、最后进价法和毛利率法等方法确定。下面仅对最后进价法和毛利率法进行基本介绍。

① 最后进价法

最后进价法是指在计算期内选择商品主要进货地区的最后一次进货单价，乘以该种商品的期末结存数量，计算出期末库存商品的价值，然后逆算出本期商品销货成本的一种方法。其计算公式如下：

期末结存商品金额=期末结存商品数量×最后一次商品购进单价

本期商品销售成本=期初结存商品金额+本期收入金额-本期非销售金额-期末结存商品金额

采用此方法计算出的期末库存商品金额最接近市场价格，且成本计算工作量较小。但当购进商品价格变动较大时，采用此法会使商品销售成本的准确性受到影响。因此，这种方法一般适用于经营商品的价格比较稳定，并定期结转商品销售成本的企业。

② 毛利率法

毛利率法是根据本期销售净额乘以前期实际(或本期计划)毛利率匡算本期销售毛利，据以计算发出存货和期末存货成本的一种方法。它是建立在假定企业各期的销货毛利率相同或相近的基础之上的。其计算公式为：

销售净额=主营业务收入-销售退回与折让

销售毛利=销售净额×毛利率

销售成本=销售净额-销售毛利

期末存货成本=期初存货成本+本期购货成本-本期销售成本

例2 某商业批发公司2003年1月1日A类商品库存为180 000元，月末购进为360 000元，本月销售收入为470 000元，发生的销售折让为36 000元，上季度该商品的毛利率为20%。

计算本月销售商品和月末结存商品的成本：

销售净额=470 000-36 000=434 000(元)

销售毛利=434 000×20%=86 800(元)

销售成本=434 000-86 800=347 200(元)

月末存货成本=180 000+360 000-347 200=192 800(元)

毛利率法是商业批发企业常用的计算本期商品销售成本和期末库存商品价值的方法，计算原理简单，但由于商品销售成本不是按每一种商品品类逐一计算，而是按全部商品或商品大类计算，其结果往往不够准确，因此，毛利率法一般只在每季度的前两个月使用，最后一个月可采用加权平均法等其他存货计价方法进行调整。

2) 商品流通零售企业

商品流通零售企业一般按商品售价进行库存商品的核算。其销售成本核算的特点是：日常按商品售价结转商品销售成本，月末通过计算和结转已销商品的进销差价，将商品销售成本由售价成本调整为进价成本。因此，计算商品销售成本，关键是确定已销商品应分摊的进销差价。商品零售企业计算已销商品进销差价的方法有综合差价率计算法、分类(组)差价率计算法和实际进销差价计算法。下面对综合差价率计算法和分类(组)差价率计算法进行基本介绍。

① 综合差价率计算法

综合差价率计算法是根据总账所反映的全部商品的存销比例，计算本期销售商品应分摊进销差价的一种方法。其计算公式为：

$$综合差价率 = \frac{结转前"商品进销差价"账户余额}{期末"库存商品"账户余额 + 期末"委托商品"账户余额 + 本期"主营业免收入"账户贷方发生额} \times 100\%$$

本期销售商品的实际成本=本期"主营业免收入"账户贷方发生额-本期已销商品应分摊的进销差价

例3 某零售商场月末有关商品进销差价计算资料如表5-8所示。

表5-8 商品进销差价计算资料

单位：元

柜组	月末分摊前"商品进销差价"账户余额	月末"库存商品"账户余额	本月"主营业务收入"账户贷方发生额
服装	289 612	624 560	823 500
针棉	148 691	398 720	530 600
百货	86 940	257 900	367 800
其他	32 578	65 480	133 400
合计	557 821	1 346 660	1 855 300

综合差价率=557 821/(1 346 660+1 855 300)×100%=17.42%

已销商品应分摊的进销差价=1 855 300×17.42%=323 193.26(元)

商品销售成本=1 855 300-323 193.26=1 532 106.74(元)

用综合差价率计算法计算简便，但不适宜经营品种繁多的企业。因为各种商品的进销差价不一，每期各种商品销售比重又不尽相同，容易出现偏高或偏低的情况，影响商品销售毛利及库存商品价值的正确性。

② 分类(组)差价率计算法

分类(组)差价率计算法是根据企业的各类(组)商品存销比例，平均分摊进销差价的一种方法，计算原理与综合差价率计算法基本相同。依照例3给的资料，计算各组已销商品进销差价，如表5-9所示。

表5-9 已销商品进销差价计算表

单位：元

柜组	月末分摊前"商品进销差价"账户余额	月末"库存商品"账户余额	本月"主营业务收入"账户贷方发生额	进销差价率/%	已销商品进销差价	已销商品销售成本
	(1)	(2)	(3)	(4)=(1)/[(2)+(3)]	(5)=(3)×(4)	(6)=(3)−(5)
服装	289 612	624 560	823 500	20	164 700	658 800
针棉	148 691	398 720	530 600	16	84 896	445 704
百货	86 940	257 900	367 800	13.89	51 087	316 713
其他	32 578	65 480	133 400	16.38	21 851	111 549
合计	557 821	1 346 660	1 855 300	17.42	323 193	1 532 107

根据计算出来的已销商品应分摊的进销差价应作如下调整会计分录：

借：商品进销差价　　　　　　323 193
　　贷：商品销售成本　　　　　　1 532 107

5.6 撰写产品设计规格书

产品设计规格书又称为产品任务书，是对某一产品设计项目提出的具体要求、人物、指标、原则、规定的书面文件。产品设计规格书是调研者根据前期调研，提出的拟生产、开发产品或新产品的实用技术文书，涉及产品原理、结构、性能、指标、用途及实用要求。产品设计规格书是调研者在进行大量的产品设计调研后，并在征求生产技术人员意见后编制的技术文书。

产品设计规格书是用户、生产协作单位和上级主管部门检验产品质量、性能的重要依据。产品设计规格书的作用就是全面地表述产品的设计思想及要求，具体地向产品设计与生产部门明确产品必须要达到的要求。产品设计规格书非常重要，它是设计师设计产品的具体化的基础，是样品测试、小批量生产、批量生产、技术检测和鉴定的依据，也是用户和上级主管部门检验产品质量与性能的重要依据。产品设计规格书越是细致就越有利于产品设计的顺利推进。

编写产品设计规格书要在充分的产品设计调研的基础上进行，对获得的资料进行分类归纳、整理和分析、比较，以确定科学、先进、合理的产品结构，要全面调查、了解、掌握市场需求，使产品性能、用途、使用、维修方面能满足用户需要和市场需求，实现技术经济效用最大化。另外，在编写产品设计规格书时，要条理清晰，在文字表达上要具体、明确，文字要流畅、规范。

下面以电子产品设计为例进行介绍，表5-10为产品设计规格书所要包含的内容。

表5-10　产品设计规格书

一、项目基本信息			
1. 项目名称	说明产品名称		
2. 客户名称	说明产品需求的客户名称		
3. 项目相关成员	说明该项目相关成员信息(如ID设计、结构设计、品质测试等相关成员的信息)		
4. 项目对接人	说明项目对接者信息(如姓名、职务及联系方式)		
5. 项目启动的原因简介			
二、项目需求输入			
1. 产品名称			
2. 单款/系列化			
3. 产品类型划分	新产品研发		目前处于研发的什么阶段：a.产品定义；b.功能定义；c.结构研发；d.硬件排布；e.样机实验；f.技术完善其他阶段-请填写(　　　)
	迭代产品		
4. 产品定位说明	销售区域		说明销售区域
	销售价格区间		
	推广方式		
	成本范围		硬件成本：
			壳体成本：
			包装成本：
	应用场景		简单描述产品使用的场景
	人群定位		简单描述该产品面向的用户群、性别、职业、年龄层次
	备注		
三、产品具体信息			
1. 产品划分	描述该产品属于什么类产品(如高端、中端、底端等)		
2. 产品主要功能			
3. 主要相关硬件组成部分	主要相关硬件组成部分(如按键、Type-C插口、摄像头等)		
4. 产品的核心优势	简单描述该产品主要功能卖点、支持的功能核心优势、外观		
5. 材料及表面工艺	说明使用的材料及处理工艺		
6. 特殊技术要求	说明有无特殊技术要求(如防水、散热、耐腐蚀等)		
7. 产品的预计上市时间	指产品正式上市销售的年份和月份(格式如2023-7-30)		
8. 产品计划产量	___只、辆、台/年		
9. 产品的寿命周期	___/年		
10. 产品电气性能	电压及功率		
	产品认证要求		
	产品注意事项		
	其他		
11. 产品硬件结构是否有相关图纸	描述可提供的资源、硬件和主要标准元器件的说明		
12. 品外观风格意向	描述产品外观风格(如简约、时尚等)，可以添加意向图辅助描述		

第6章

案例分析——海洋休闲产品设计

主要内容： 通过案例分析，展示产品设计的一般程序，包括设计调研的内容、设计方案的推进过程、消费者观察及产品评价。

教学目标： 本章旨在理论基础结合实际设计项目，使读者更好地理解本书的理论知识，达到学以致用的效果。

学习要点： 对实际产品设计项目的把控能力，理论与实践相结合的能力。

6.1 案例概要

随着人们生活水平和教育水平的提高,业余生活的日益丰富,以及交通与通信手段的发展,人们对观光及休闲活动的需求不断增长,特别是对海洋休闲文化的需求日益强烈。

此案例中的产品是韩国东西大学设计学院响应韩国政府机关(知识经济部、国土海洋部、文化体育观光部)的海洋观光产业的发展计划及韩国海洋休闲产业开发计划而启动的。海洋休闲用具一般受季节与气候条件等环境因素影响,为了避免作为一次性产品使用,需要提高海洋休闲用具的实用性,以提升其市场价值。夏季海洋休闲活动用具存在季节性限制,对此进行创新设计。此项目针对最常用的海洋休闲工具之一——空气注入式游泳圈进行创新设计。

6.2 设计程序

(1) 调查阶段:通过文献调查、问卷调查和采访调查三种方式,了解海洋休闲产业及其用具的市场现状。此阶段,得到一个重要事实:大多数消费者都购买游泳圈。因此,研究对象为游泳圈产品。

(2) 分析及整合阶段:为了实现项目目标,分析使用者的需求,最终确定CMF设计战略。

(3) 开发阶段:设计师团队通过头脑风暴确定产品设计开发的方向及设计理念,然后着手进行设计开发。在该阶段,找到一些生产厂家,对产品的实用性及可生产性进行分析。通过分析生产厂家的反馈,设计师团队制订海洋创意产品的CMF设计战略,然后绘制草图、建模、制作效果图,最后制作样品。

(4) 评价阶段:在产品商品化之前,首先对使用者及潜在购买者群体进行评价及观察,尤其是对实际购买者进行采访和评价。

图6-1为各阶段的设计程序。

图 6-1 设计程序

6.3 产品设计调研

6.3.1 考察海洋休闲产业

韩国釜山市政府定义海洋休闲产业为：在日常生活的业余活动中，在海域与沿岸进行的一些直接或间接与海洋空间相关的休闲活动，包括在大海、江河等水域中利用动力或非动力设备进行的具有经济性、体系性的体育型活动，以及具有兴趣性、非体系性的休闲型活动。

海洋休闲产业的分类如表6-1所示，主要分为海洋依靠型和海洋连贯型。海洋依靠型产业主要在海面及海底操作，而海洋连贯型产业则包括海边观光和人文景观。经调研发现，享受海洋休闲活动的人数日益增多，参与率逐年上升。

表6-1 海洋休闲产业的分类

种类		内容
海洋依靠型	体育型	板：冲浪、风帆冲浪 船：皮艇、动力游艇、水上摩托、帆船运动等 潜水：浮潜、斯库巴潜水 其他：滑水橇、水上拖伞运动等
	休闲型	海水浴：海边游泳、戏水、日光浴等 潮间带狩猎：拾贝壳、捕蟹等 钓鱼：海岸钓鱼、船上钓鱼、岩壁钓鱼等
	游览型	海上观光：游轮、游览船 海中观光：观光潜水艇、海中观景台等
海洋连贯型		海边体育：沙子游戏、海边文化娱乐等 海岸景观欣赏：散步、慢跑等 海洋文化活动：观察海洋生物、探访海洋文化遗迹等

6.3.2 考察海洋戏水用品

1. 海洋戏水用品的定义

海洋戏水用品是用于游泳池、海滨浴场等水域，帮助使用者玩耍或学习游泳的产品，可以分为空气注入式戏水用品、空气注入式小艇、游泳辅助用品等(见表6-2、图6-2、图6-3)。在目前市场中，大部分产品为空气注入式设计。

表6-2 海洋戏水用品的分类

种类	说明	
空气注入式戏水用品	儿童的戏水用具种类丰富,包括充气垫、充气枕、沙滩球类的产品	
空气注入式小艇	主要材料是橡胶与塑料	
游泳辅助用品	学习游泳的时候辅助使用者浮水、参与水上活动、学习游泳动作的一些产品	
	穿戴型辅助游泳用品	使用者第一次学习游泳的时候,让人们习惯水中活动及学习游泳动作
	非穿戴型辅助游泳用品	可改善使用者的游泳动作

图6-2 游泳圈1

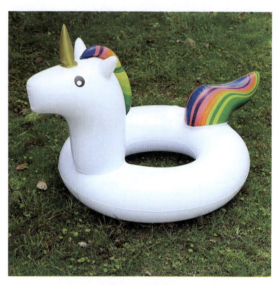

图6-3 游泳圈2

2. 海洋戏水用品市场调查

随着家庭收入的提高,人们对休闲活动的需求不断增长,戏水用品市场正处于成长时期。

在韩国,与夏季休闲活动及体育用品相关的产品进口量正在增加,包括戏水、野营等。表6-3中的数据显示,韩国海洋休闲及戏水市场持续扩大。

表6-3 海洋戏水用品市场调查数据

单位:千美元

种类	2011年	2012年	2013年	2014年	2014上半年	2015上半年
野营用品	62 182	67 784	74 979	99 647	52 291	68 867
戏水与夏季用品	264 648	259 003	278 181	323 246	220 111	246 524
水上体育用品	68 868	53 204	57 452	60 554	30 523	32 506
合计	395 698	379 991	410 612	483 447	302 925	347 897

6.3.3 消费者调查

本项目对韩国釜山本地居民与外来人口进行广泛的消费者调查。调查结果显示,大部分消费者是家长陪同孩子一起玩乐,表明海洋戏水活动比较适合孩子,原因分析如下。

第一,海洋戏水活动的娱乐形式多样,家长和孩子更加倾向于娱乐性丰富的活动;第二,海洋戏水活动相较于其他的体育活动如爬山和徒步,家长和孩子玩乐时不会太劳累,尤其是家长无需背负行李,孩子如果玩累了也可在沙滩上休息,不需要家长将其抱起。第三,孩子对水有天然的适应性,他们的身体在水中会非常放松,这有助于他们的生长发育。孩子在海边玩耍时,面对广阔的大海,身处开阔的环境,有助于释放压力;第四,在海洋戏水活动中,家长很少会约束孩子,孩子可以自由地玩耍,尽情地玩水和沙子,享受无拘无束的乐趣(见图6-4和图6-5),这点在平时的生活中是很难满足的。

图6-4 孩子在海滩上玩耍　　　　　　　图6-5 孩子穿戴戏水用具

调查结果还显示,消费者在进行海洋休闲活动之前,喜欢购买各种戏水用品,并且重视产品的实用性及创新性。在市场上有很多进口的低价游泳圈,为了增强市场竞争力,需要开发具有差别化特色的海洋创意产品。

6.4 设计方案

6.4.1 制订CMF设计战略

根据设计调研、分析总结,制订出CMF(Color, Material, Finish)设计战略,指产品的色彩、材料和表面处理,这是产品设计中后期的一个重要组成部分。

1. Color(色彩)

由于是为儿童设计的产品,在色彩运用上就要考虑儿童的视觉发育特点和心理特征。儿童的视觉发育从2岁开始进入旺盛期,此时他们可以判断物体的大小、方位、远近等空间概念。3~4岁的儿童可以分辨红、黄、蓝、绿、橙、紫等基本颜色,最容易辨别的是红色、黄色等相对饱和的颜色(见图6-6),而对棕色、灰色等混合颜色的辨认比较困难。5~6岁儿童的视觉能力开始接近成人水平,能够辨认光谱中的全部色相,并区分较明显的色彩明度(见图6-7)。9岁以后，立体视功能基本达到正常和稳定状态，与成年人趋同(见图6-8)。本设计概念是一个可持续利用的产品，既能满足幼龄儿童戏水的需求，也能适应孩子成长后的其他用途。在颜色选择上，既包含饱和度较高的颜色，也包含混合颜色，而且色彩的层次感也保护儿童的视力，高饱和度的颜色虽然吸引人，但是不能滥用，有层次感的色彩搭配会让孩子感觉更加舒服。

图6-6　3~4岁儿童能分辨基本颜色

图6-7　5~6岁儿童能分辨光谱中的全部色相

图6-8　9岁以后儿童色彩分辨与成年人趋同

2. Material(材料)

在选择儿童产品的材料时，一定要考虑到安全因素，应尽量避免使用重金属材料，塑料制品要符合安全标准，硬质材料需要避免尖锐边缘。儿童产品应选择既轻便又舒适的材料，塑料是较好的选择，但是不能选择含有邻苯二甲酸化合物的塑料，这会对儿童健康产生危害。

氯丁橡胶是由氯丁二烯为主要原料进行聚合而生产的合成橡胶，材料安全，具有良好的物理机械性能，耐油、耐热、耐燃、耐日光、耐臭氧、耐酸碱、耐化学试剂，适合用于戏水产品中。

太空网(Air Mesh)是一种特殊材料，它的网面与底层材料之间有3mm或更厚的空隙。这种设计不仅提供了良好的透气性能，还能减少与皮肤的摩擦，适合用于背带或其他紧贴身体的部位(见图6-9)。

乙烯-醋酸乙烯酯共聚物(EVA)是一种新型环保塑料发泡材料，具有良好的缓冲性、抗震性、隔热性、防潮性、抗化学腐蚀性等优点，且无毒、不吸水，对儿童来说是安全的材料，被经常用在儿童产品中，如儿童地垫，如图6-10所示。

图6-9 太空网材质

图6-10 EVA材质儿童地垫

3. Finish(表面处理)

表面处理通过改变材料的色彩、光泽、肌理,最终目标是在材料层面创造新的可能性,以满足人们对美学的需求。

儿童产品在材料选择上应该注重质感,以给予儿童愉悦的视觉美感和积极的心理体验。选择具有丰富肌理的材料可以激发儿童强烈的好奇心,并适应他们活泼好动的特点,使他们的体验感得以满足。例如,在布书中添加不同质感的布料和响纸来增加互动性,如图6-11和图6-12所示。

图6-11 布书中不同材质的动物尾巴

图6-12 布书中添加响纸材质

6.4.2 草图绘制

根据以上CMF设计战略分析的结果，绘制以下几个设计草图方案：

图6-13是在原有游泳圈的基础上添加布料套的设计，用于实现两个或更多个游泳圈的链接。在游泳圈与使用者的皮肤接触部位采用布料材料，以柔软的布料保护皮肤。

图6-13　设计方案1

图6-14是设计为沙发椅的形态，收纳后变成一个圆柱形。

图6-14　设计方案2

图6-15运用了模块化设计，其中每一个圆球代表一个模块单元。这种设计可以根据儿童的成长需求，不断添加新的模块，从而使产品使用起来更加灵活，同时也有组装的乐趣，其中蓝色部分采用了柔软的材质，以确保使用时的舒适和安全。

图6-15　设计方案3

图6-16是最终的设计方案草图,选择购买率最高的游泳圈原型,再加入柱形、椅子型和桌子型产品。布料的色彩设计具有对比度和层次感。这些部件可以分开后单独使用,也可以组合成儿童家具或玩具。

图6-16　设计方案4

6.4.3 产品建模及效果图

通过构思草图得到设计方案，然后对设计方案进行设计、建模及效果图绘制工作，继续把构想更加具体化。在制作效果图时，需要考虑游泳圈与布料套的搭配，以确保色彩效果既和谐又具有层次感。

图6-17是最终戏水游泳圈垫子的设计方案效果图。以戏水活动中常用的原型游泳圈为基础，在产品中加上氯丁橡胶和太空网材质的套子，这是与已有的产品不同的创新点。一套产品由2种圆形游泳圈、1种小凳子型游泳圈、1种柱形游泳圈、1种沙发型游泳圈和1种EVA圆盘形垫子构成。

图6-17 设计效果图

最终设计的套子可拆卸性较强，还配有手把结构，使儿童容易抓取产品。结合圆形游泳圈的外观和柱形游泳圈的设计，可以在柱形游泳圈上叠加几个圆形游泳圈，再盖上垫子，即可作为小桌子使用。圆盘垫子采用特殊材料制成，用蜡笔绘画后容易擦除，因此可以作为画板使用，激发儿童的创意潜能。

6.5 消费者观察及评价

为了评价样品，本项目针对3岁、5岁、9岁、10岁儿童进行使用观察评价。在进行观察时，不向孩子们提供任何信息，只提供产品，让他们自然地玩耍，同时仔细观察他们的行为，根据观察结果，收集孩子和家长的使用反馈，如表6-4所示。

表6-4 消费者产品反馈

未上学儿童的家长	A：色感丰富，这对儿童的色彩感受发展很有帮助。材质也非常高端，因此家长本人也很喜欢 B：材料很柔软，给人一种安全的感觉。拆卸也很方便，可以轻松清洗套子，确保卫生
上学儿童的家长	C：产品配备有手把，使孩子能够自行拆卸，这对他们的教育十分有用 D：一般的垫子要么太大，要么太重，这个产品很轻巧，而且空气注入式的，保管起来很方便

由分析可知，消费群体分为两种：一是未上学儿童的家长；二是上学儿童的家长。为什么这样区分呢？因为儿童产品的消费者并非只是儿童本身，还包括儿童的家长，所以一定要考虑到家长的消费偏好。在未上学儿童家长群体中，由于儿童还小，主要由家长来决定是否购买产品，因此家长对产品的喜好是一个重要因素。在上学儿童家长群体中，可以看到儿童与产品的互动更为频繁，儿童能自行拆卸和穿戴产品，并能清晰地表达自己对产品的喜好。

本项目属于成长型产品，旨在从低龄到高龄儿童都能发挥作用，并能够长期陪伴儿童，因此，它的利用率和性价比都比较高，不会像传统产品那样使用后即被闲置，这正是家长们非常看重的设计特点。